Guía de cartografía.

Para el uso de lo espacial en la investigación

Louis Arreghini, Hubert Mazurek, Rogelio Pineda

BARKER & JULES®

BARKER & JULES

Guía de cartografía. Para el uso de lo espacial en la investigación

Edición: Barker and Jules™
Diseño de Portada: Barker & Jules Books™
Diseño de Interiores: María Elisa Almanza | Barker & Jules Books™

Primera edición - 2021

I.S.B.N. | 978-1-64789-438-2
I.S.B.N. eBook | 978-1-64789-439-9

BARKER & JULES, LLC
2248 Meridian Blvd. Ste. H, Minden, NV 89423
barkerandjules.com

ÍNDICE

Introducción

«El espacio comienza así, con solo palabras, signos dibujados en la página en blanco. Describa el espacio: nómbrelo, rastrearlo, como estos fabricantes de portulano que saturaron las costas con nombres de puertos, nombres de capas, nombres de arroyos, hasta que la tierra ya no se separa del mar solo por una cinta continua de texto. ¿El Aleph, este lugar en el mundo borgesiano dónde todo el mundo es visible simultáneamente, sería otra cosa que un alfabeto?"

Georges Perec, Espèces d'espaces, 1974, éditions Galilée, page 21.

La cartografía es este alfabeto.

En la página blanca, o en la pantalla negra, se trata de describir nuestro mundo, todos los elementos visibles, y ordenarlos para mostrar nuestra comprensión del mundo. Pero es visible lo queremos que sea; es ordenado según nuestra cosmovisión. Es lo interesante de un proceso totalmente subjetivo, dónde la creatividad es también un elemento incondicional para permitir transmitir una representación, un mensaje. Efectivamente, como lo decía J. Bertin, 1977, en su semiología gráfica, toda representación gráfica está hecha para transmitir un mensaje; y como lo decía Roger Brunet (Brunet et al., 1993), el mensaje se compone entre la obra de arte y el rigor científico. "*La cartografía es también del dominio de lo lúdico: se inventa territorios, se imagina mundos*".

El componente estético es necesario, y si hoy en día la mayoría de los mapas están hecho por computadora, no se puede pasar de realizar un mensaje inteligible y agradable. El Mapa, resultado de la cartografía, puede tomar muchas formas y no siempre se trata de algo muy formal. Pero tiene que ser perceptible para él que lo fabrica, y para él que lo lee. Hace parte del alfabeto, de las palabras y del texto que construimos con esa técnica de comunicación.

Este manual se construye como una guía para realizar cualquier tipo de mapa, en función del mensaje que Ud. quiere hacer pasar. Les proponemos un vocabulario y la manera de ensamblar este vocabulario, en función de la materia prima que tiene, y del objetivo del mensaje. Por supuesto, si queremos que la secuencia del vocabulario sea legible, se necesita de un cierto número de reglas para realizar el ensamblaje; reglas que se complejizan en función del grado de rigor científico que se necesita.

La guía empieza con un poco de historia para entender la formación de las reglas, y con un panorama de los tipos de mapas que se pueden realizar. Eso le permitirá empezar a escoger lo que quiere y lo que puede hacer en función del material que tiene y del mensaje que quiere mandar.

El **segundo capítulo** le presenta el vocabulario, a través de la noción de semiología gráfica, y de las reglas fundamentales de la semiología. Tal vez es el capítulo más importante porque en el lenguaje de la comunicación, el emisor como el receptor tienen que tener las mismas referencias. "*La técnica resultados para una buena cartografía es presentar*" no se puede entender directamente; "*La cartografía es una buena técnica para presentar resultados*" si, es legible, porque respectamos algunas reglas del idioma castellano. Un mapa es un discurso, un texto en imagen que se necesita descifrar. ¿Qué nos dice el especialista del análisis de discurso? (Sarfati, 2014, p. 16): "*tres criterios caracterizan un discurso: su situación sociológica relativa a un grupo social determinado (su posicionamiento), la calidad del soporte mediático (su inscripción), El régimen de relaciones que regula las relaciones que mantienen los textos en sí o con otros textos de otro tipo de discurso (su inter-textualidad).*" En cartografía, para analizar el mensaje se necesita: el contexto de realización (científico, comunidad indígena, ingeniero, etc.), la calidad del mapa (colores, texto legible, agradable, etc.), saber que es un mapa (referencias a otros mapas).

En el **tercer capítulo**, ¡descubriremos que, a la diferencia de lo que dice Perec, no se puede representar todo el mundo! Por lo menos no se puede representar todo el mundo con todos los detalles de lo que existe en este mundo. Tenemos que escoger una parte de este mundo, y para saber dónde estamos, necesitamos de algunas reglas de ubicación. La delimitación y la escala son dos aspectos de la representación que podríamos asimilar, en el discurso o en el texto, a la temática, y al nivel de generalidad. Cuando hablo, hablo de mí, del otro o de cosas generales; hablo de un tema en particular o de una acción. En cartografía es lo mismo, general o particular, detalles o generalidades, mi percepción o la percepción del otro.

En el **capítulo 4**, empezamos a trabajar. ¿Qué quiero mostrar? ¿Cuáles son los elementos principales para mostrarlo? ¿Cómo lo puedo mostrar? Uso de símbolos, de colores; elección de las unidades elementales; Las referencias, marcas que son necesarias para reconocer el espacio; en resumen ¿Qué puedo hacer en función de lo que tengo y de lo que quiero mostrar?

El **capítulo 5** nos permitirá poner los elementos necesarios a la comprensión del trabajo realizado en el capítulo 4: leyenda, título, escala, orientación, etc., todos los elementos que vocabulario que permitirán entender el mensaje.

El **capítulo 6** nos dará algunos elementos de interpretación del mapa. ¿Cómo se lee? ¿Cómo se interpreta? ¿Cómo podemos resumir el mensaje? ¿Cuáles son los elementos de estructuración? Muchas preguntas que servirán a la lectura de mapas existentes, pero también para verificar si su mensaje está realmente presente en el mapa que acaba de realizar.

Los **tres últimos capítulos** consideran técnicas o usos específicos de algunos tipos de mapas y herramientas gráficas o informáticas que permiten realizar mapas.

Al principio de cada capítulo se encuentra un **esquema lógico** que puede utilizar para orientarse en su problemática.

Tiene que usar estos esquemas para preguntarse sobre el sentido que va a dar a su trabajo, para ver las opciones posibles, y así llegar a un trabajo, tal vez no tan ambicioso como lo pensaba, pero lo más adecuado.

Esta guía es el resultado de muchos años de práctica y de enseñanza en varias instituciones, en Francia y América latina. Está destinado a todos los que quieren empezar a hacer mapas, a los profesores que tienen así una metodología de enseñanza, a los investigadores que quieren tener una metodología de referencia, etc.

Tenemos que agradecer a las personas y universidades que nos han dado su apoyo para su realización y su publicación. Esperamos que disfruten de esta guía para Ud., para sus alumnos, para su trabajo de informe o de investigación.

Mapa de Al Idrisi, geógrafo árabe, centrada en el Mundo islámico y con inversión Sur/Norte de la orientación.
***«El libro del divertimiento y de aquel que desea recorrer el Mundo»* o *"Tabula Rogeriana"* Geografía de Al Idrisi**
Siglo XII. Biblioteca Nacional, Paris.

Capítulo I

¿Cuál dato para cuál mapa?

<u>Primera etapa</u>: ¿Cuál es la información que Ud. dispone? y ¿Cómo se puede utilizar para realizar un mapa? Esta etapa es primordial para construir, a partir de sus objetivos, los mapas adecuados y adecuar los datos a los objetivos.

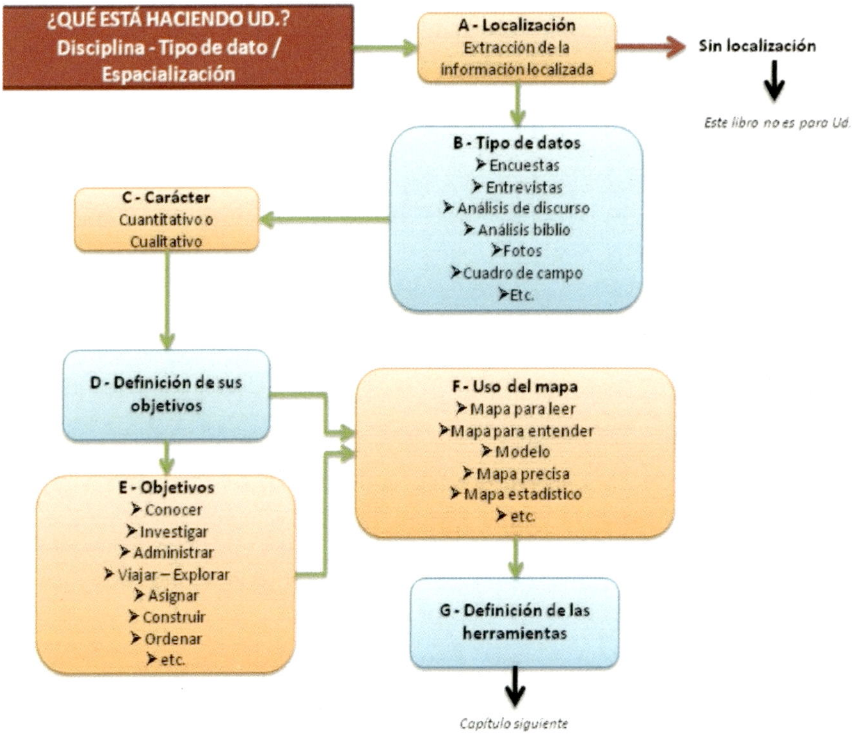

1.1 - Un poco de historia

La historia de la cartografía se remonta al origen del Hombre, porque siempre el Hombre tuvo la necesidad de saber dónde estaba ubicados y dónde estaban las cosas que son importantes en la vida y el desarrollo. En China se han encontrado mapas de arcilla cocida con cuadrículas, hechas alrededor de 2000 años antes de Cristo, indicando que ya estaban pensando en un sistema de referencia o de coordenadas de los mapas. En la misma época en Mesopotamia, se han encontrado mapas en pieles de animales. A los griegos de la antigüedad, atribuimos los sistemas de coordenadas geográficas o astronómicas de los mapas, un invento totalmente vigente hoy en día, más de 20 siglos después. En el siglo XV el descubrimiento de la navegación, el mapamundi y la imprenta desarrollaron mucho la cartografía; pero fue el siglo XX con el desarrollo de la aviación, la era digital y los satélites artificiales que se ha desarrollado sorprendentemente la cartografía.

En la época de la Grecia helenística, medir (y dibujar) la tierra y describirla eran tareas del mismo proyecto[1]. Se puede decir que cartografía y geografía eran casi la misma cosa. Los trabajos de Eratóstenes y de Estrabón simbolizan las dos facetas del proyecto geográfico original (Glacken, 2000, 2002,

[1]Polybe y Estrabón, dos griegos al servicio del imperio romano, respectivamente considerados, uno como padre de la historia, otro como padre de la geografía, llamaban este proyecto "*corografear*". Estrabón de su lado se consideraba personalmente *corógrafo*.

2005, 2007). Con la invención del cronometro marino y las técnicas de triangulación, vino la posibilidad de medir y dibujar la tierra con precisión. La cartografía se constituyó como ciencia autónoma y la geografía seguía sus propios caminos en una larga historia llena de paradigmas y de rupturas (Glacken, 1996)[2].

La época medieval fue como un paréntesis en la historia de la cartografía en su camino hacia más precisión y más eficiencia. Se diseminaron mapas dichos "T en la O" que representan una visión más cosmográfica y teológica que una transcripción fiel de la realidad espacial. Cabe destacar el trabajo de los cartógrafos árabes tal como Al Edrisí que dedicó décadas de su vida en dibujar, por cuenta de un rey cristiano Rogerio II de Sicilia, un mapa del mundo conocido orientado al Sur y centrado en La Meca.

El Renacimiento llevó nuevas oportunidades de progreso a la cartografía, por los numerosos viajes a través del mediterráneo y hacia Asia. Fue la época de los portulanos cuales eran, ante todo, mapas dedicados a la navegación[3]. (Martín Merás, 1993). Los portulanos no faltaban de dimensión artística, con sus intensos colores elegidos, sin embargo, con un ideal de precisión reencontrado, con un dibujo de costa de una

[2] Ver la imponente obra de D. Woodward & G. M. Lewis. *The History of Cartography*, The University of Chicago press, disponible en la web.
[3] Aunque la *Carta Pisana*, considerada como el portulano más antiguo de Europa, data del siglo XIII, según la autora María Luisa Martín Meras.

estupenda precisión. Y cuando supieron medir directamente la longitud, y no al decir de viajadores, gracias a la medida del tiempo, los cartógrafos contribuyeron en abrir al Occidente la puerta del Mundo.

Con la introducción de la modernidad en la Historia, se llevó un nuevo empujo a la cartografía que reflejó las nuevas necesidades de las potencias europeas en sus rivalidades y su proyección colonial. Para los gobernantes, el mapa debía servir a contar sus sujetos y sus recursos y elaborar estrategias de conquista y de defensa territorial, así como tácticas militares. El destino de la cartografía se volvió a la mano de los militares y gobernantes. En España, se fundó el Instituto Geográfico y Estadístico con propósito de realizar mapas topográficos de España a la escala de 1/50000. Francia fue precursor en los siglos XVII y XVIII, con los mapas de Cassini; padre e hijo, ambos cartógrafos, se pusieron al servicio del Rey de Francia para cubrir el Reino de mapas topográficos a la escala de 1/86400. A pesar de eso, la élite política y militar francesa se desinteresaba de la cartografía y del conocimiento geográfico. Se creó el Servicio Geográfico del Ejército solamente en 1887 después del traumatismo de la derrota militar de 1870, que se volvió Instituto Geográfico Nacional en 1940, para manejar y actualizar los mapas topográficos[4].

En la época contemporánea, la práctica de la cartografía sale de las instituciones estatales para difundirse en la sociedad civil, primero a través del mundo académico, después en la mayo-

[4] En prácticamente todos los países de América latina, la cartografía estatal sigue en la mano del Ejercito, en Instituto Geográfico Militar.

ría de los estratos de la sociedad. Se puede hablar de una doble revolución. De un lado la cartografía se vuelve muy profesional con un conjunto de reglas de construcción, de validación, con manejo de sistemas expertos complejo, de capacidades conceptuales extensas. De otro lado, la aparición del Web 2.0 difunde prácticas de la cartografía en la población: cartografía 2.0, ciudadana, participativa, crítica. Los precursores fueron Jacques Bertin (Bertin, 1967) por el dominio profesional y Brian Harley (Gould & Bailly, 1995), por el aspecto crítico. El primero fijo las reglas insuperables de la semiología gráfica para quien utiliza la imagen con soporte de difusión de sus ideas; el segundo desmitificó ciertas prácticas de la cartografía profesional al servicio del "Imperio" y puso las bases de una cartografía radical al servicio de la ciudadana. El futuro de la cartografía se encuentra menos en las oficinas estatales que en los imperios comerciales, como *Google* o *Microsoft*, incluso en las iniciativas ciudadanas de tipo *Open Street Map*. También hoy en día a cartografía está en las manos de algunos editores de paquetes, como *Esri (ArcInfo), Pitney Bozes (MapInfo),* a pesar de existir una oferta de tipo Open dentro cual se destaca *QGis (ver Anexo 2).*

Los actores institucionales, multinacionales y los movimientos ciudadanos y sociales de resistencia generan incertidumbres en cuanto al futuro de la cartografía. Sin embargo, si confiamos en las multinacionales o seamos adeptos de soluciones alternativas, la cartografía sigue con su exigencia técnica y conceptual. Se justifica la inversión en aprendizaje por la mayoría de las ciencias de la naturaleza, así como de las ciencias sociales, para aprovechar del poder analítico, sintético y expresivo de la cartografía e integrarla dentro de sus herramientas metodológicas.

Los mapas han surgido como herramientas para la guerra (Lacoste, 1977), pues saber dónde uno está y donde está el enemigo da ventajas estratégicas para someterlo. Afortunadamente hoy en día los mapas han logrado ampliarse, con fines loables, a todas las ciencias, no solo naturales o ambientales, sino económicas, políticas y sociales. Entenderemos en esta guía y en las prácticas sucesivas que realicemos que toda dimensión, atributo o variable territorial que tenga expresión sobre el espacio geográfico es susceptible de ser "*mapificada*" o cartografiada. Podemos hacer mapas de la deforestación de los bosques en la amazonia, de las zonas de inundación en Santa Cruz, pero también podemos hacer mapas de la pobreza en Argentina, de los conflictos en Colombia, de los flujos de mercado de la minería de Potosí o de la hegemonía política de un partido o movimiento político en cualquier país.

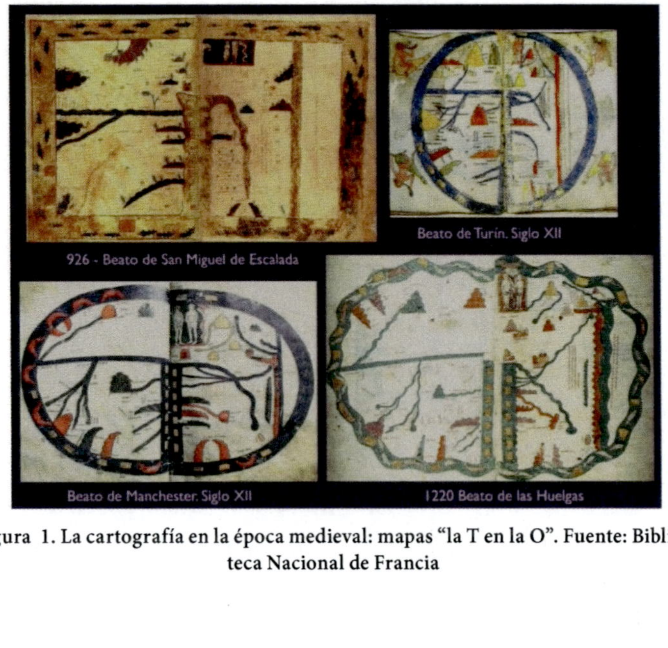

Figura 1. La cartografía en la época medieval: mapas "la T en la O". Fuente: Biblioteca Nacional de Francia

Para Recordar...

En general vamos a entender que la cartografía es una técnica de apoyo a la investigación, la enseñanza de las ciencias, los proyectos de desarrollo, la gestión de riesgos, la planificación, etc., de casi todas las disciplinas científicas, es decir las ciencias de la naturaleza, así como las ciencias sociales, económicas y políticas.

Hoy en día la cartografía se ha evolucionado sorprendentemente, a través de apoyos como los sensores remotos, los Sistemas de Posicionamiento Global -GPS y los Sistemas de Información Geográfica -SIG. Pero no es siempre necesario tener datos cuantitativos o precisas para realizar un mapa. Un buen esquema es a veces mejor que un mapa muy fino, como lo veremos. Pero, cualquier sea, los mapas los tenemos guardados en memorias USB en nuestro bolsillo y ello nos permite actualizarlos, utilizarlos y compartirlos de forma rápida, segura y a muy bajo costo.

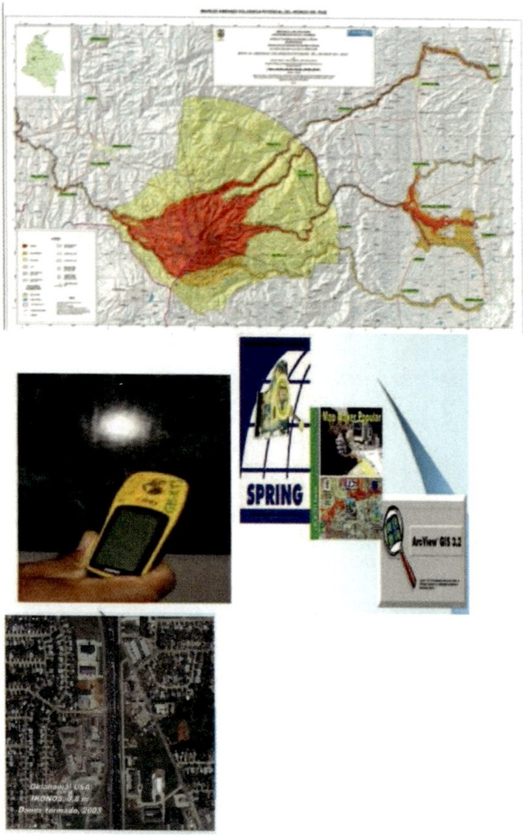

Aplicaciones integrales y modernas de la cartografía
Los GPS, Teledetección y SIG.

En los mapas podemos representar elementos naturales, económicos, sociales y/o culturales. Los mapas naturales son aquellos que hacen parte de la descripción de los paisajes o ecosistemas: los suelos, las rocas, los minerales, los drenajes, la vegetación, la biodiversidad, etc. Los mapas culturales o antrópicos describen todos aquellos elementos que el Hombre ha creado para su beneficio como las viviendas, asentamientos, vías, cultivos, uso del suelo, etc.

Figura 2. Los mapas nos permiten planificar participativamente los territorios. Fuente: CIAT, Ordenamiento Territorial.

Finalmente debemos reconocer en los mapas un instrumento de alto poder, desde cualquier tipo de perspectiva o interés: el conocimiento científico, la educación, el bienestar de una comunidad, pero también para la guerra, para la ubicación de actividades ilícitas, dominio de los recursos naturales y del dinero. En el campo de las ciencias sociales, los mapas son indispensables para poder ubicar, describir, caracterizar, comparar, analizar, educar, sintetizar y hasta proponer alternativas de manejo a las diferentes situaciones o problemáticas de las comunidades urbanas y rurales de nuestros territorios.

Para Recordar...

Los términos mapificar, espacializar, cartografiar se refieren básicamente a lo mismo y es la posibilidad de representar en un plano, con una simbología imaginaria, una problemática, situación o simplemente los elementos naturales y/o culturales de un paisaje o territorio determinado.

1.2 - Ciencias sociales y localización

Es obvio que las disciplinas tan diferentes que conforman las ciencias sociales (demografía, economía, sociología, antropología, etnología, historia, etc.) tienen una relación distinta cada una con la cartografía. Sus enfoques, datos, formas de recoger y organizarlos son diferentes. Pero, la tendencia general, en todas las disciplinas, es la adopción de **datos localizados** a diferentes escalas para instruir investigaciones.

A continuación, nos referimos al esquema del principio de este capítulo. En cada cuadro, tiene una letra, referencia de los comentarios siguientes.

Más allá de las prácticas disciplinarias, es importante identificar dos características de la información manipulada: 1 - presencia o no de un criterio de localización o ubicación; 2 - la naturaleza cualitativa o cuantitativa de la información.

→[A -][5] ¡Sin localización, no se puede hacer mapas! Sin embargo, la localización puede tomar varias formas: un croquis en un cuaderno de campo, una indicación de un entrevistado, el nombre de un lugar, de una localidad o de un municipio, un código de localización, un par de coordenadas, etc.

[5] La letra entre paréntesis [A] representa una entrada en el esquema presente al principio de capítulo.

Es importante analizar la localización y determinar dos de sus parámetros: **la precisión de la información y su nivel geográfico**. Estos dos parámetros orientarán el proyecto de cartografía hacia la realización de un dibujo o hacia el uso de un sistema de información geográfico (GIS).

Precisión: ubicación de una boca de mina, con precisión de 1 metro (muy preciso); la mina se encuentra en el municipio de Chimbas (poca precisión).

Nivel geográfico: Distribución de las minas en Argentina (nivel nacional); ubicación de la mina en relación al pueblo de Chimbas (nivel muy local).

Ejemplo 1 - Válido: "*El principal problema de* ***aquí del barrio*** *es la contaminación del sulfuro de azufre que sale de la* ***mina****, como han visto por allá, por ahí abajo está* ***esta avenida Sargento Flores****, ..., desde la* ***calle Caro, Cochabamba, Ayacucho, Junín, Bolívar, Adolfo Mier y Murguía****, esas son las calles que están contaminadas con el sulfuro de azufre y el sulfuro de azufre de aquí que sale de la mina tienen alto contenido, 80 % de sulfuro de azufre, ...*»

Entrevista a los habitantes de Oruro - Bolivia, sobre la contaminación. Algunas informaciones de la entrevista pueden ser localizadas a varios niveles: el barrio, la mina, las calles, etc., hasta con bastante precisión.

Ejemplo 2 - Válido: Inversión extranjera en Bolivia por departamento en miles de dólares.

La localización corresponde al nivel geográfico del departamento y no podrá ser utilizada a un nivel inferior (municipal, por ejemplo).

DEPARTAMENTO	1996	1997	1998	1999
Chuquisaca	4 788	14 414	24 885	42 770
La Paz	110 592	102 214	133 302	108 991
Cochabamba	120 245	252 249	142 251	141 344
Oruro	9 754	10 933	12 340	14 195
Potosí	16 056	21 900	35 811	16 007
Tarija	14 638	30 126	117 978	170 449
Santa Cruz	135 895	417 051	551 790	511 721
Beni	15 236	5 090	7 287	3 804
Pando		48	417	1 165

Fuente: INE, Bolivia

~~Ejemplo 3 - Inválido~~: Inversión extranjera en Bolivia por rama de actividad en miles de dólares. **Cuadro sin localización**

Rama deactividad	1996	1997	1998	1999
Agricultura, Ganadería, Caza y Silvicultura	1 250	180	289	2 600
Exploración de Petróleo Crudo y Gas Natural	53 375	295 942	461 909	384 108
Explotación y Exploración de Minas y Canteras	19 674	29 938	38 155	23 142
Industria Manufacturera	28 238	25 379	16 149	149 553
Energía Eléctrica, Gas y Agua	38 648	105 185	84 912	71 698
Construcción	104	181 619	103 503	140 642
Venta por Mayor y Menor	5 838	764	5 092	21 789
Hoteles y Restaurantes		1 000		
Transporte, Almacenamiento y Comunicaciones	244 132	179 574	223 337	168 871
Intermediación Financiera	35 836	23 898	88 786	42 041

Fuente: INE, Bolivia

Los talleres participativos permiten recoger mucha información localizada, la cual puede ser utilizada para mapas-croquis o para ubicación más precisa en una base de datos o un SIG.

Aquí, en Potosí, Bolivia, en el marco de un plan de ordenamiento territorial rural, se trataba de relevar todos los lugares más importantes para la comunidad de Manquiri. Esta información es después sobrepuesta a un mapa topográfico o a mapas parlantes; también los lugares pueden ser posicionados directamente en un Sistema de Información Geográfica, para ser procesadas con otros datos. Como le veremos, la ubicación no necesariamente es precisa, una simple referencia ("la casa al lado de la iglesia") ya nos aporta mucha información. En anexo se hace algunas propuestas de guías metodológicas para la realización de tales mapas.

1.3 - Los datos en ciencias sociales

Las ciencias sociales recurren a menudo a **datos de segunda mano**, de procedencia pública (censos, encuestas de los servicios públicos) o privada (observatorio de actividades económicas, datos de gestión de empresas). La paradoja es que las competencias en materia de encuestas se encuentran en las instituciones públicas mientras los principales usuarios son constituidos por investigadores de las ciencias sociales o empresarios, los cuales utilizan así datos que no caben siempre con sus necesidades.

Por esta razón, los investigadores suelen realizar **sus propios levantamientos** de datos. Los demógrafos o economistas diseñan sus formularios de encuestas para tener datos cuantitativos mientras tanto, sociólogos y antropólogos prefieren entrevistas cualitativas o a veces, practican cartografía social, lo que llamamos también *cartografía vernácula* en base a mapas mentales o participativos. Estas encuestas, en la gran mayoría de los casos, son puntuales, y sus realizadores escasamente les archivan, ni les documentan para uso ulterior. La perennidad de los datos de encuestas es mejor cuando los investigadores colaboran con una entidad pública.

→[B]- Cada uno puede recurrir a la **metodología la más adecuada para su disciplina** sin olvidar que cualquier levantamiento de datos debe incluir una **variable de ubicación** para poder ser utilizado a fines de cartografía.

Por otro, dentro de la primera etapa de la cartografía, es importante analizar el tipo de información que Ud. tiene a disposición para poder clasificar esta información en cuantitativo o cualitativo.

La noción de cuantitativo y cualitativo

→[C]- Lo cualitativo y lo cuantitativo han entretenido una relación a veces difícil dentro de las ciencias sociales. Cristalizan las controversias que pueden centrarse en diferentes enfoques (idiográfica o nomotética), conceptos (espacio, territorio, etc.), matrices conceptuales (marxismo, neopositivismo, individualismo metodológico, etc.), temáticas (modelización de la red de ciudades, esquema de un pueblo africano). Lo que finalmente se resume en una elección metodológica (cualitativa, cuantitativa). En cartografía, desaparecen estas clases de polémicas. Todo se puede mapear, lo cuantitativo al igual que lo cualitativo, a la condición del [B], es decir de tener una variable de ubicación.

Un dato cualitativo puede tener tres características (ver Figura 3):

- **carácter cardinal** cuando sirve sólo para distinguir los elementos entre ellos: México es una república, Inglaterra es un reino - un bosque, una pradera - un Aymará, un Mosetén, etc. *Lo cardinal es fuertemente discriminante pero no puede ser ordenado.*
- **carácter binario** cuando se constata la presencia o la ausencia de un carácter: Bolivia tiene salares, Inglaterra no tiene - Presencia o no de árbol - Pueblo de montaña o no (oposición), etc. *Lo binario es discriminante y permite crear dos clases ordenables.*
- **carácter ordinal** cuando se introduce una noción de jerarquía: Entre Bolivia, Francia e Italia, Bolivia tiene la población más joven, seguida por Francia, mientras Italia tiene la población más vieja, etc. *Lo ordinal es discriminante y ordenable.*

De su lado, **el dato cuantitativo**, al ser **discreto** o **continuo,** *siempre puede ordenarse, pero no es siempre discriminante.* Se llama datos reales, variables o valores.

- **un valor discreto** es un dato que tiene solamente valor entero, es decir, sin posibilidad de decimales: una población, el número de vivienda o de cuentas bancarias, un número de palabras en un discurso, etc. *El valor discreto es ordenable y discriminante.*

- **un valor continúo** tiene una infinidad de valores posibles, con muchos decimales: la temperatura, la distancia, el tiempo, etc. *Es ordenable pero poco discriminante.*
- Ambos pueden ser **absolutos** (valores reales) o **relativos** (ratio de dos variables, un porcentaje).

Variables → / Tratamiento ↓	CARDINAL (Cualitativa)	ORDINAL: Binario	ORDINAL: n clases	REAL (Cuantitativa)
RELACIÓN	Equivalencia	Equivalencia más Orden		Equivalencia Orden y Razón
PARTICIÓN	n clases desjuntadas	2 clases	n clases	Valores continuas o discretas
ELEMENTOS ESTADÍSTICOS	Clases	Clases o Individuo		Individuos
PARÁMETROS ESTADÍSTICOS	Frecuencia Modo Entropia	Frecuencia Modo Entropía	Mediana Quantiles	Media Varianza
ANÁLISIS CON 2 VARIABLES	Redundancia	Khi^{2} Coeficiente de corelación de rango		Regresión Corelación Análisis de varianza
ANÁLISIS MULTIVARIANTE	Diagrama	Localización multidimensional Análisis de proximidades		Componente Estructural factorial o de corespondancia

Figura 3. Los diferentes tipos de variables y los tratamientos posibles. Elaboración propia.

Datos cualitativos como cuantitativos tienen sus propios métodos de estudio (ver libros de estadísticas), tanto en el análisis de discurso, como en los métodos estadísticos los más complejos. El uso de uno u otro va a afectar el tipo de cartografía que se puede realizar, y más que todo, la simbólica que se podrá utilizar gráficamente.

1.4 - Definir sus objetivos

El mapa es una fuerte herramienta para describir y explicar la construcción social del espacio, como lo exprime Brunet, 2001. Sin embargo, el mapa es también un mensaje que tiene subjetividad y poder...., poder y saber, poder y seducción. **Ningún mapa es neutral pues refleja la intención de su autor.** El manejo de las reglas de composición de un mapa, de su grado de precisión dentro de un sistema de gestión de datos, las capacidades analíticas de tal sistema, necesitan alta tecnicidad; el mundo de los mapas se ha vuelto además un objeto de consumo de masa. Estas propiedades hacen que la cartografía ejerce una seducción y fascinación más allá del poder de la imagen. El historiador de la cartografía John Brian Harley (Harley, 2005) hace recordar cuestiones esenciales a los cartógrafos: **cada mapa es socialmente e históricamente contextuado; quien hizo el mapa, cómo y porque; quien es el patrocinador y cuál es su influencia en el resultado.** Sin duda, la cartografía tiene dimensión política y ética. El cartógrafo profesional, por lo menos académico, tiene que elegir una postura que pone en perspectiva su saber y producción con la producción cartográfica del pasado y que las vincula con las otras formas, vernácula o ciudadana, de cartografía contemporánea.

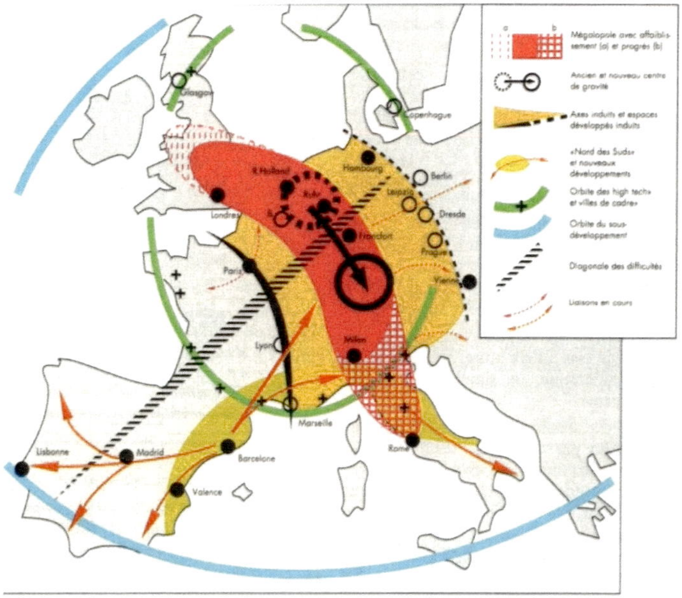

Figura 4. Estructuras y dinámicas fundamentales en Europa, publicado por R. Brunet en 1989. Fue una interpretación que resultó llevar muchas polémicas e intereses por parte de la prensa y de los políticos. Fuente: R. Brunet, 1987.

→**[D]- Definir sus objetivos** significa entonces:

- Enmarcar su temática e identificar cómo esta temática toca uno o varios fundamentos de la vida social y de la producción del espacio;
- Imaginar en que la cartografía puede poner valor agregado en la definición de su cuestión científica y de su hipótesis;
- Evaluar los datos que tenemos y los que necesitamos adquirir;
- Definir hasta qué punto quiere invertir en el mapa (ubicar, analizar, sintetizar, modelizar, etc.);

→[E]-Una manera de representar estos **objetivos** es referirse al esquema de Brunet, 1987, que propone una tipología cruzada dentro de la cual se identifican todos los aspectos del mundo de la cartografía: ¿Qué se hace? ¿Quién lo hace? ¿Cómo se hace? ¿Qué clase de productos salen?

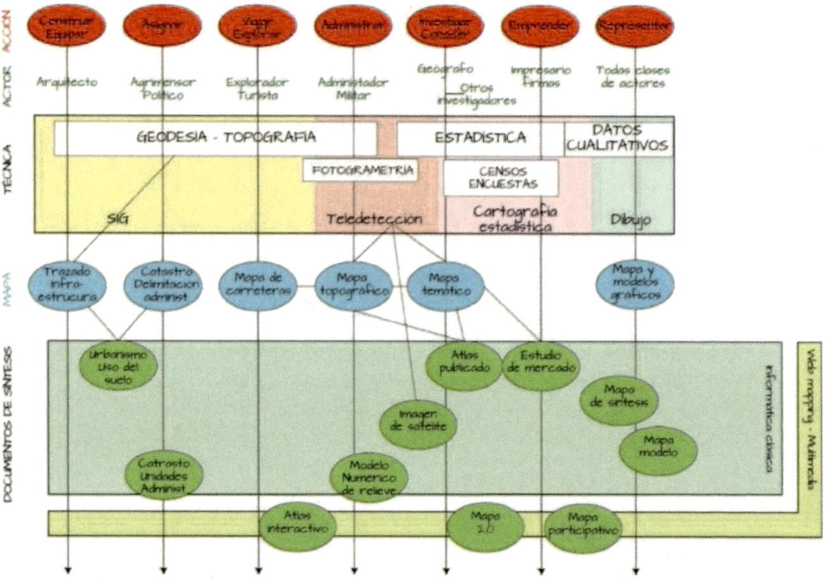

Figura 5. El Mundo de los Mapas - Fuente: actualizado a partir de R. Brunet, 1987

En materia de cartografía, definir sus objetivos permite de definir la clase de mapa realizable, y entonces identificar el dato que necesitamos, los procesos y herramientas que movilizar. La tabla 1 siguiente muestra las posibilidades.

La primera columna es el objetivo, la segunda informa sobre datos necesarios, la tercera indica la tarea o el proceso que movilizar. La última es compartida en tres clases de herramientas: Dibujo (a mano o con software de dibujo), Sistema de Información Geográfica (como ArcGis, QGis), Cartografía Estadística (como Cabral, PhilCarto). El marcador de cero a tres índica el grado de adecuación de la herramienta:

Tabla 1. **Posibilidad de cartografía según el objetivo. Fuente: de los autores**
0: inadecuado; 1: adecuación débil; 2: adecuación mediana; 3: buena adecuación

Objetivo	Datos	Tarea/Proceso	Herramienta		
			Dibujo	SIG	CartoStat
Ubicar	Objetos que ubicar	Dibujar	**3**	1	0
Representar	Estudios de área	Trazar	**3**	2	0
Organizar	Datos socioeconómicos y ambientales	Elaborar capas	1	**3**	0
Analizar, sintetizar, investigar	Datos ambientales	Almacenar/Cruzar	0	**3**	1
Analizar, sintetizar, investigar	Datos socioeconómicos	Aplicar modelos estadísticos	0	1	**3**

1.5 - Los tipos de mapa

→[F]- **Los tipos de mapas** constituyen otra clasificación posible definida por R. Brunet en su libro "Mapa - Modo de empleo", los cuales retomamos aquí de manera sintética. R. Brunet propone dos tipologías, una basada en la lectura, la otra en la funcionalidad de los datos asociados.

1 - En el capítulo *Imágenes del mundo*, expone cuatro tipos de mapa:

- **El mapa para "ver"**: la primera función de un mapa es ayudarnos a representar nuestro mensaje; la secunda es comparar los espacios; la tercera es situar el lugar por sí mismo y en comparación con otros lugares; la última es informarnos y es el valor de todos los atlas en forma de catálogo.

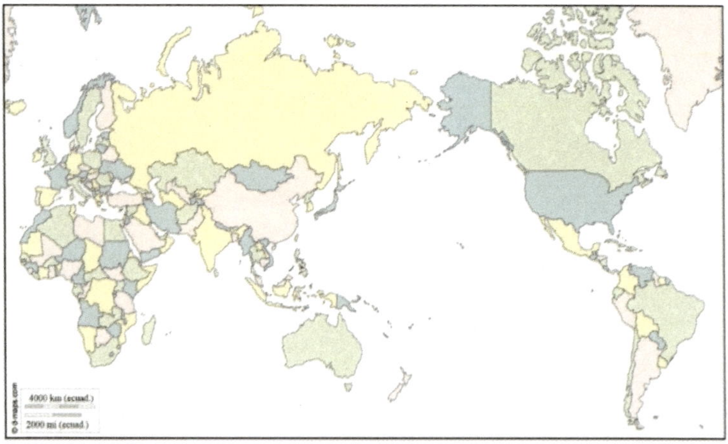

Figura 6. **Una vista insólita: el Mundo centrado en el Pacífico.**
Fuente: http://d-maps.com/m/world/centrepacifique/centrepacifique18

Esta vista del Mundo, con un centrado y una proyección totalmente subjetiva, da una manera de ver el mundo. Finalmente, América y Asia son muy próximos; Europa y África son muy pequeños en el espacio de la Tierra, dónde, además no hay espacio para el océano atlántico; se puede también resaltar la división de los continentes europeos y africanos en muchos pequeños países, mientras que Asia y América del Norte tienen países que parecen más grandes. Todo eso nos sugiere un mensaje, que puede ser totalmente transformado con una representación cartográfica diferente.

- **El mapa para descubrir**: este tipo de mapa nos hace descubrir la espacialización de un fenómeno, con el objetivo de hacer hipótesis sobre coocurrencias de fenómenos. El mapa no muestra ubicación sino tendencias de los fenómenos estudiados.

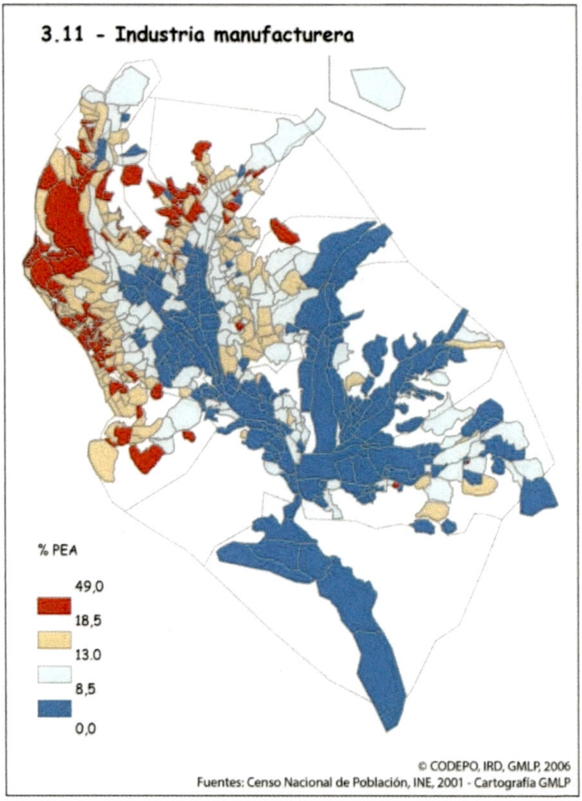

Figura 7. PEA en el sector industrial en la ciudad de La Paz – Bolivia. Fuente: Atlas del municipio de La Paz, 2006

No se trata en estos mapas de identificar exactamente cuáles son las OTBs[6] que presentan tal o tal tipo de características, sino de ver la tendencia general de los valores de la variable utilizada.

Así, podemos ver que, en la ciudad de La Paz, la mano de obra en la industria vive totalmente en la periferia del Norte y Oeste.

[6]OTB: Organización territorial de base

El examen de estos mapas nos da por ejemplo una indicación sobre la función de la ciudad (industrial o no), la discriminación social y espacial (centro, periferia, barrios particulares, etc.), la estructuración de la ciudad (distribución de las funciones residencial o económicas), etc.

- **El mapa para decidir**: se trata de ayudar a la decisión. Puede ser la elección de un objetivo, por ejemplo, planificar una visita turística; la elección de una ruta o implementar un equipo (supermercado, instalación deportiva, etc.). Este tipo de mapa sirve también para trazar límites, afectar territorio, fijar un derecho de uso (mapa catastral, por ejemplo).

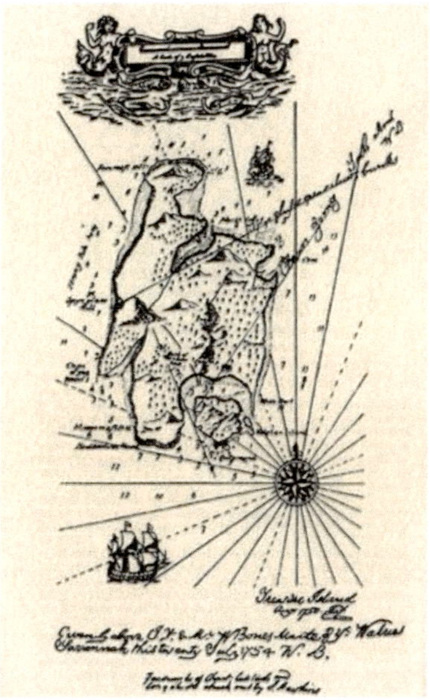

Figura 8. Mapa dibujando por R. L. Stevenson
fuente: www.millebulles.com/ens/saison06/livre2/06_2_2.php?reference=E129197

- **El mapa para soñar:** ¿Quién no ha soñado en frente de un atlas, imaginando aventuras o hierbas ajenas más verdes? El hombre sueña y hace soñar, dibujando *La Tierra Media*, *La Isla del tesoro* u otras utopías. Pero el sueño y la imaginación galopan también en frente del mapa el más trivial: Las extensiones del Altiplano boliviano con sus minas o los confines del Oriente colombiano.

2 - En el capítulo de la obra de R. Brunet sobre los tipos de mapas, el autor levanta una larga compilación de tipos de mapas según su destino (mapa topográfico, de caminos), su aspecto técnico (mapa con áreas, curvas, puntos, proporciones, diagramas, símbolos, flujos y redes, mapas de residuos, de tendencias, de clasificación, de gravedad, de extrapolación, de difusión, etc.).

1.5.1 - Mapa básico

Estos mapas generalmente muestran una información básica de los territorios:

- Relieve: diferentes formas del paisaje (montañas, mesetas, valles…) y se representa en los mapas por lo general a través de curvas de nivel.
- Vías: Los sistemas físicos de comunicación en los territorios: carreteras, ferrocarriles, vías fluviales.
- Drenajes: hace referencia a las zonas longitudinales por dónde ha pasado o pasa agua, lo que comúnmente llamamos: ríos, quebradas, arroyos, cañadas, etc. Los drenajes representan el sistema hidrológico de los mapas.

- Asentamientos Humanos: representado por los núcleos poblaciones en viviendas. Los mapas pueden tener dibujadas todas las viviendas o solo los núcleos mayores, esto depende básicamente de la escala del mapa, conceptos que explicaremos más adelante.

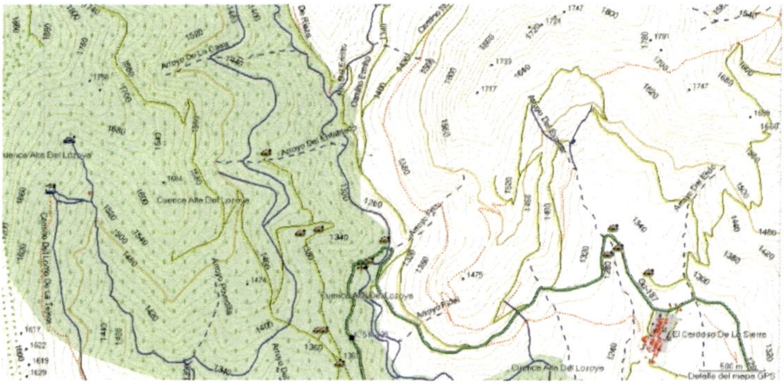

Figura 9. Los elementos del mapa básico: relieve, vías, drenajes y asentamientos humanos.

1.5.2- Mapa temático

Los mapas temáticos son aquellos que expresan o representan información precisa (un tema en particular, de ahí viene su nombre) sobre lo que quiere cada autor mostrar y trabajar. Estos mapas temáticos pueden ser:

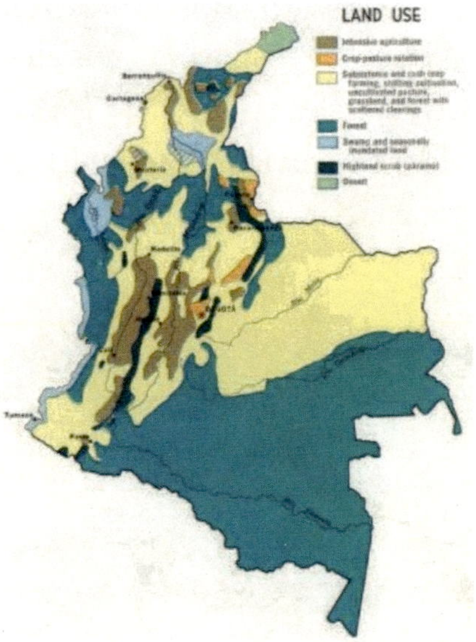

Biofísicos o Ambientales: un mapa del uso del suelo en Colombia, un mapa de los suelos de Oruro, un mapa de minerales en Potosí, un mapa del clima de Argentina, etc.

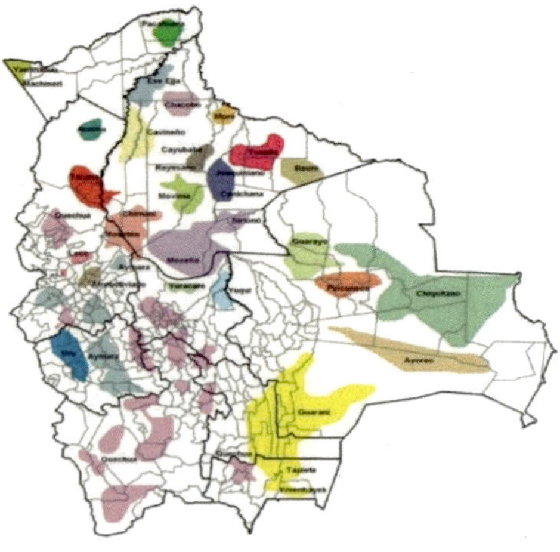

Sociales: un mapa de la pobreza en Beni, un mapa de desplazamiento forzoso en Tarija, un mapa de educación en Pando, un mapa de grupos étnicos en Cobija, un mapa de centros de salud en Montero., etc.

Económicos: un mapa de cultivos en el Altiplano, un mapa de explotaciones mineras en Oruro, un mapa de industrias en Santa Cruz, un mapa de flujos de mercado de Bolivia, etc.

Políticos: un mapa de movimientos políticos en Chuquisaca, un mapa de representantes al senado por la zona baja de Bolivia o un mapa de la división política de Argentina.

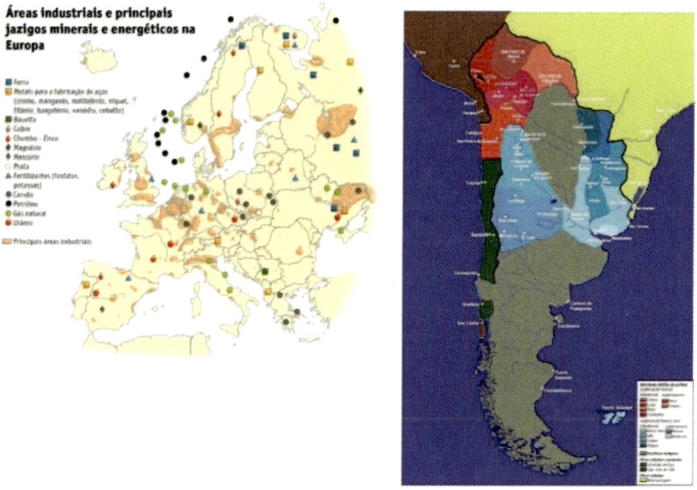

Figura 11. Mapa de las principales industrias en Europa y Mapa del Virreinato en Argentina (Wikimedia Commons)

Los mapas temáticos a su vez pueden ser:
Cualitativo y cuantitativos. Los mapas cuantitativos expresan cantidades o números, por ejemplo, el mapa que indica el número o porcentaje de viviendas en riesgo por deslizamiento en Manizales (Colombia), es un mapa temático ambiental cuantitativo. Los mapas cualitativos son aquellos que expresan las características (cualidades o atributos) de los elementos, por ejemplo, el mapa de la variedad de uva que se cultiva en la zona de producción de vino de Argentina.

Normalmente los mapas temáticos se elaboran utilizando un mapa básico, es decir, un "fondo de mapa": el relieve, las vías, los drenajes y los asentamientos humanos para representar luego y encima de estos, la información temática que no interesa.

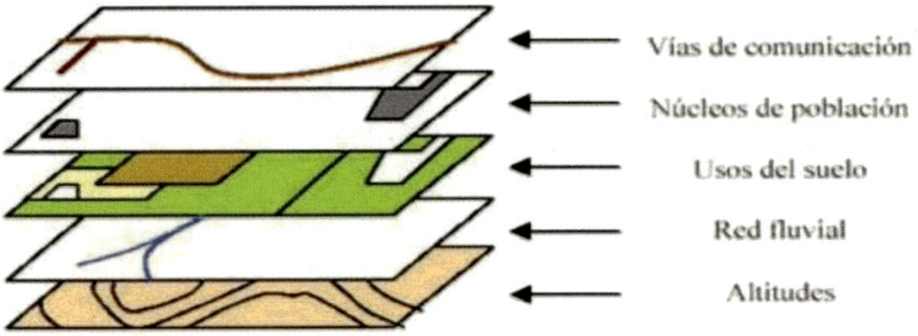

Figura 12. La sobreposición de varias capas de información cartográfica permite tener un "fondo de mapa" sobre el cual se puede poner el mapa cuantitativo o cualitativo, de manera a tener un documento legible.

Para recordar...
Los mapas son abstracciones mentales donde a partir de una simbología imaginaria podemos representar nuestras realidades de los territorios. Caso contrario de las fotografías aéreas o imágenes satelitales que son representaciones reales reducidas del territorio o una realidad. Ambos son herramientas que se complementan y poseen un enorme valor para entender, interpretar, planear y modificar los territorios donde habitamos.

1.5.3 - Por su escala

De acuerdo a la escala los mapas pueden ser generales, semi detallados o detallados. Este concepto de escala lo explicaremos con detalle más adelante.

Los mapas generales son aquellos con escalas menores de 1:100.000, ejemplo 1:120000, 1:200000, 1:10000000, 1:2500000 (un mapa de un municipio, región, departamento, país o continentes son mapas generales). **Los mapas semi-detallados** son aquellos con escalas entre 1:25000 y 1:100000 (los mapas de veredas o cantonales pueden ser semi-detallados) y **los mapas detallados** son aquellos que tienen escalas mayores de 1:25000, ejemplo 1:20000, 1:15000, 1:2000 (los mapas de catastro urbano de finca o parcela, pueden ser detallados).

Figura 13. Un ejemplo de un mapa detallado del relieve a escala 1:25.000, y de un mapa general del continente centro americano, a escala 1:1.000.000

1.5.4 - Mapas de navegación

Son mapas que muestran elementos propios de cada sistema de navegación: terrestre, aéreo, marítimo, para nuestro caso son importante los mapas de navegación terrestre porque nos permiten desplazarnos con seguridad y traen información pertinente como ubicación de hoteles, restaurantes, sitos turísticos, estaciones de gasolina, el relieve con sus curvas de nivel y las vías, entre otros.

Los mapas de navegación utilizan proyecciones particulares que no deforman las distancias o las superficies como lo veremos en el capítulo 3.4.

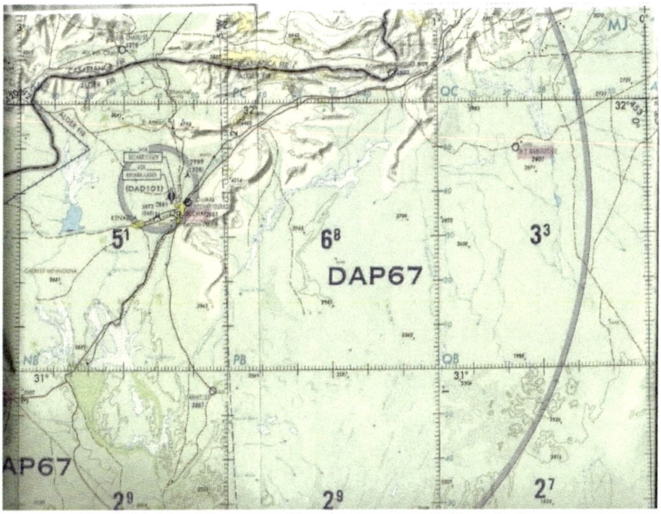

Figura 14. Mapa de navegación aérea. Fuente: Wikimedia Commons

¿Primera etapa para practicar la cartografía y realizar mapas?

En primer lugar, hay que pensar en **los datos**; son los nervios de la guerra:

1)- Cuando se compila los datos, hay que pensar siempre en su **espacialización.** Lo espacial es una categoría como cualquier categoría que describe una sociedad o un grupo, pero es la única imprescindible para practicar cartografía. Que sean datos de segunda mano o resultados de encuestas suyas, sus datos deben tener **localización**.

2)- **Recolección de características (Variables, información, etc.)**, sean encuestas propias o acceso a fuentes de datos ya constituidos;

3)- **Organización** y conservación en base de datos dedicados a sus temas;

4)- **Análisis** de los datos y tratamientos específicos, con definición precisa de sus objetivos:

¿Cuál es el nivel de precisión posible o necesaria?

¿Solo le importa la localización de sus objetos o necesitan tratamientos de datos más complejos?

¿Las características intrínsecas de sus espacios cambian (uso de suelo, afectación, etc.), o cambian las de su población?

→**[G]**-Los paquetes de cartografía (Ejemplo Cabral, Philcarto, Arcgis, Qgis) tienen finalidades y herramientas distintas. Definir sus objetivos y el tipo de datos que recorrer ayuda a elegir la **herramienta** adecuada (ver anexo 1 y 2). Dos orientaciones:

- Su territorio de estudio cambia poco (ejemplo entidades administrativas); lo que cambia son sus datos descriptivos, hay que elegir la cartografía de dibujo o estadística. El tratamiento se hace con los datos descriptivos y los resultados se reportan en el mapa con entidades geográficas fijas.

-Su territorio cambia mucho y tienen datos heteróclitos (uso de suelo, población migrante, caminos, red de ciudades, etc.). Es indispensable elegir un sistema de información geográfica. Los tratamientos se hacen directamente sobre los datos dispuesto en capas en una suerte de algebra de capas (operaciones de extracción, de exclusión, etc.). El resultado puede ser una nueva capa.

Matriz de análisis (para completar)

Análisis de los datos disponibles:

Disciplina:

Tipo de información:

[**A**] - Naturaleza de la localización:

[**B**]- Procedencia de la información:

[**C**]- Naturaleza cuantitativa / cuantitativa:

[**D**]- Definición de sus objetivos
¿Cuál es la pregunta principal de la espacialización?
¿Qué quiere mostrar Ud. con el mapa?

[**E**]- Objetivo en términos de producción de mapa:

[**F**]- Objetivo en términos de tipo de mapa:

[**G**]- Herramientas necesarias:

«la carte du tendre perpétuel» de Paul Cox

Capítulo 2

El lenguaje cartográfico

Después de haber delimitado, en el capítulo anterior, la información disponible y su potencialidad en términos de representación cartográfica, proponemos analizar dos etapas importantes para asegurar la construcción de un mapa pertinente: ***lo que se quiere hacer y lo que es posible hacer***.

La diferencia entre estas dos voluntades reside en la noción de **semiología**, la cual es *«el estudio de los signos gráficos en relación con la información que quieren expresar.*"

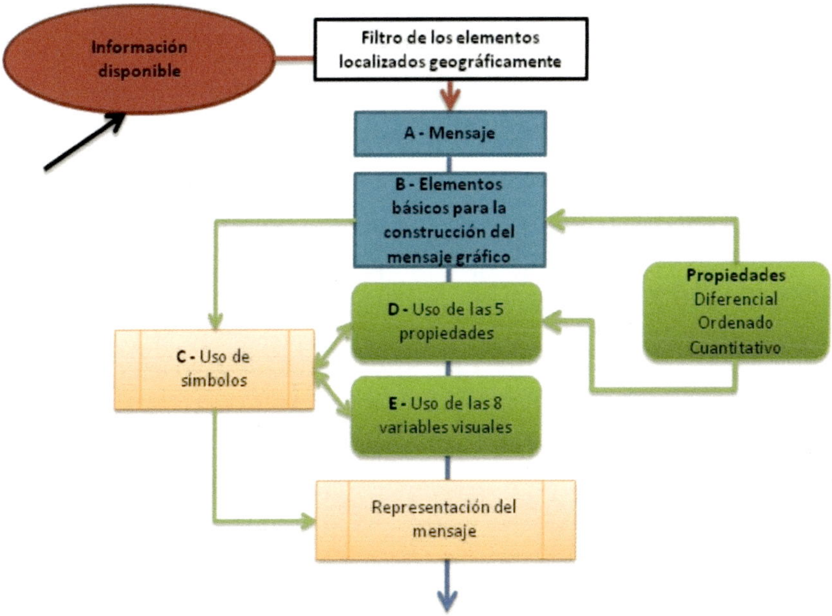

Según Bertin, 1967; Bertin, 1977, **la gráfica** representa el sistema de signos, nivel monosémico del mundo de las imágenes, mientras **el gráfico** es una construcción hecha en este sistema, como diagrama, representación de redes o mapa. "*Lo parecido, el orden y la proporcionalidad representan los tres significados de la gráfica. Éstos significados son transcritos por variables visuales que tienen las mismas propiedades significativas*" (Bertin, 1977, p. 177). El gráfico excluye la polisemia de los términos y de la representación. Eso no significa que la cartografía se resuma en una normativa internacional, sino que su modalidad no se inscribe en el esquema polisémico de la información (emisor - codificación - receptor) sino en un esquema monosémico actor - relación. Cada representación tiene que ser entendida por el sistema de actores referentes, lo que significa también que el sistema de signos y de relaciones pueden ser construidas de manera diferentes según la cosmovisión de cada sociedad (Casti, 2005; Louis, 2007; Mazurek, 2013; Whitehead, 1998; Woodward & Lewis, 1998). De esta propuesta, hablaremos más adelante.

Se entiende que la representación cartográfica gira alrededor del **triángulo de la semiótica: significado - significante - objeto; concepto - símbolo - referente;** etc., introduciendo un componente social extremadamente importante para entender las prácticas de los signos, símbolos, criterios estéticos, formas de representación, etc. Para profundizar esta parte, el lector se puede referir a Eco, 1988; Peirce, 1986; Restrepo, 1993.

Lo que nos interesa en este capítulo son dos aspectos:

- El primero tiene que ver con la dialéctica entre lo que el investigador quiere hacer, en relación a su saber y a lo que quiere transmitir, y lo que es posible hacer, referente a reglas sociales de comprensión de la gráfica.
- El segundo es analizar estas reglas para poder practicarlas.

La semiología gráfica es un libro realizado en 1967 (Bertin Jacques, *Sémiologie graphique*, Paris, Mouton/Gauthier-Villars, 1967) que ha revolucionado la gráfica a una época en la cual no había todavía computadoras. Los principios enunciados, que vamos a desarrollar ahora son todavía vigentes y

nadie ha podido encontrar una teoría alternativa a la de Bertin. Por esta razón, su comprensión es fundamental.

2.1 - El compromiso Saber - Semiología

Todo investigador construye saberes que quiere transmitir por medio de un discurso, de una acción o de un gráfico. Sin embargo, la representación gráfica tiene sus límites: límite físico (no se puede representar todo) y límite simbólico (queremos hacer pasar un mensaje inteligible). "*El mapa forma un campo simbólico al mismo tiempo que constituye un proceso de comunicación*" (Di Méo, 2004).

→[A]- Antes de empezar un proceso cartográfico, tres preguntas son necesarias:

1 - ¿Cuál mensaje queremos hacer pasar?

2 - ¿Cuáles son los elementos básicos que tengo a mi disposición?

3 - ¿Cómo puedo traducir estos elementos en gráfico?

2.1.1 - Información, percepción, representación: lo que Ud. quiere hacer

Esquema 2.1: Los procesos de transformación de lo real a lo interpretativo

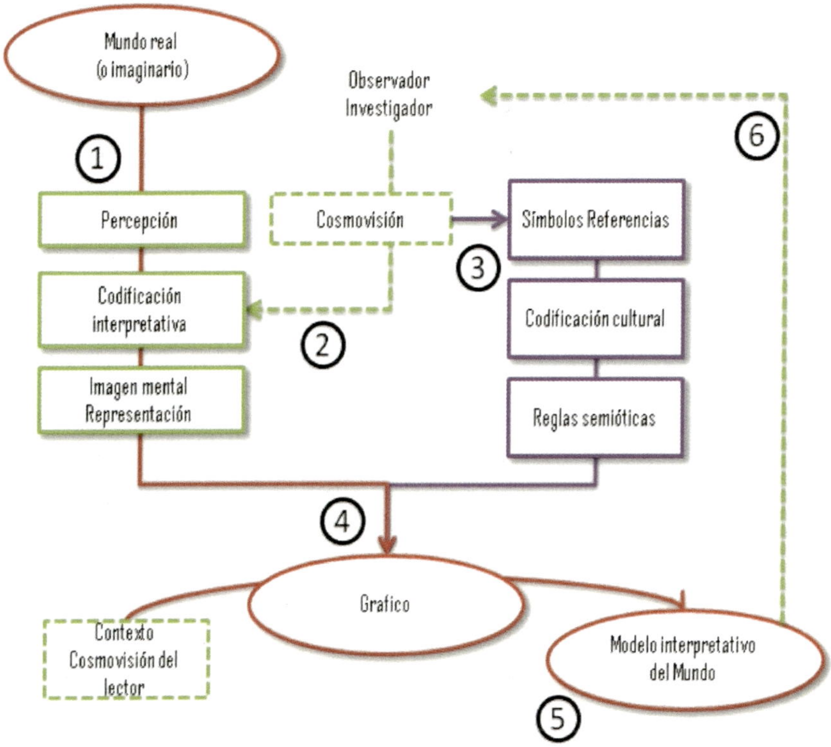

Elaboración de los autores

1 - El Mundo real no puede ser abarcado de manera entera. "*El mapa no es el Territorio*" según la expresión de Korzybski, 2010; es una representación normada de nuestra visión del territorio. Un mapa no es tampoco todo el territorio, porque no puede pretender integrar todos los sentidos de los objetos que representa; incluso las imágenes satélites no son exhaustivas, falta por ejemplo el humano. Eso implica por una parte una fuerte subjetividad relativa a nuestra propia interpretación del mundo; y por otro el mapa es solamente el espejo del mismo y de su autor; decenas de mapas son posibles alrededor de los mismos objetos espaciales.

2 - El observador de un espacio o un investigador vive en una cierta cultura que tiene sus formas de pensar el Mundo. Esta cosmovisión influencia la percepción que tendremos del espacio. Por ejemplo los europeos perciben el mundo como cuadrado (euclidiano) mientras muchos pueblos indígenas de la Amazonía lo perciben redondo (Mazurek, 2013; Surallés, 2004). La percepción que tenemos del Mundo tendrá una interpretación a partir de los códigos interpretativos de nuestra cosmovisión. La confrontación de la percepción con la codificación dará una representación (mental todavía) del espacio considerado.

3 - Por otro lado, la cosmovisión influencia la simbología y las reglas de asociación de esos símbolos.

Eso se refiere a la lógica de asociación del concepto - símbolo - referente. Por ejemplo: estas dos figuras muestran un jaguar como concepto o significante; la simbolización del jaguar depende del contexto en el cual uno se sitúa, es el significado o símbolo; el objeto referente será en estos casos el animal como mito o el auto de lujo. La figura de izquierda no se reconoce por un europeo, pero si por un andino; la figura de derecha no significa para un europeo un animal-jaguar sino un vehículo de la marca jaguar. El uso del símbolo permite que no haya ninguna confusión sobre el significado ni el referente.

En cartografía se usa la misma lógica, la ciudad es un concepto que se deriva en varios símbolos (según el tamaño, la escala, la importancia, la forma, etc.) de los cuales los referentes pueden ser tanto Nueva York como Cobija. A escala más grande, un puente tendrá la misma simbología en Tíbet como en España.

4 - El encuentro entre la imagen mental y la representación simbólica puede dar un gráfico. Éste se volverá en un objeto concreto utilizable por personas de la misma cultura o de otras culturas. El gráfico será la parte visible de la imagen mental, según la expresión de Paul Klee: "*El arte no restituye lo visible, el vuelve visible*".

5 - El lector de esta representación concreta interpretará la simbólica en función de sus propios referentes. Si la semiología es monosémica la interpretación será conforme a la idea del observador; en el caso contrario, la interpretación puede ser diferente y llevar a significados diferentes.

6 - La confrontación entre observador y lector permite construir un lenguaje común, hasta normas, que permite a la cartografía de servir de herramienta de comunicación.

Ejemplo:

1 - Quiero presentar la estructuración de un espacio: el Altiplano boliviano (esto es el mensaje que quiero hacer pasar)

2 - Sé que la complejidad de este espacio no permite una representación exhaustiva. Tengo que escoger un prejuicio en relación a mi mensaje: quiero enfocar sobre la distribución de los pueblos indígenas para mostrar

a)- la distribución de la población;

b)-la estructuración de esta distribución.

3 - ¿En cuál sistema de representación me voy a poner? Puedo escoger entre el sistema normativo (Norte geográfico) o el sistema indígena (Norte Lago Titicaca), escogiendo una perspectiva occidental o aimara.

4 - ¿Cuáles serán los elementos que quiero representar; es decir, ¿cuál es la información a mi disposición? Pueblos, municipios, lago Titicaca.

5 - La representación no respecta la orientación clásica del Norte geográfico de manera a mostrar dos fenómenos: los ejes de estructuración de la población Aymara que siguen la orientación de las cordilleras con el Lago Titicaca y Cusco en su propio Norte; la posición "marginal" de La Paz en este dispositivo, en relación a este eje andino.

6 - La simbólica que utilizo es estándar, pero la representación no lo es. ¿Será este mapa legible?

Figura 15. una representación de la distribución de la población en el Sur del departamento de La Paz

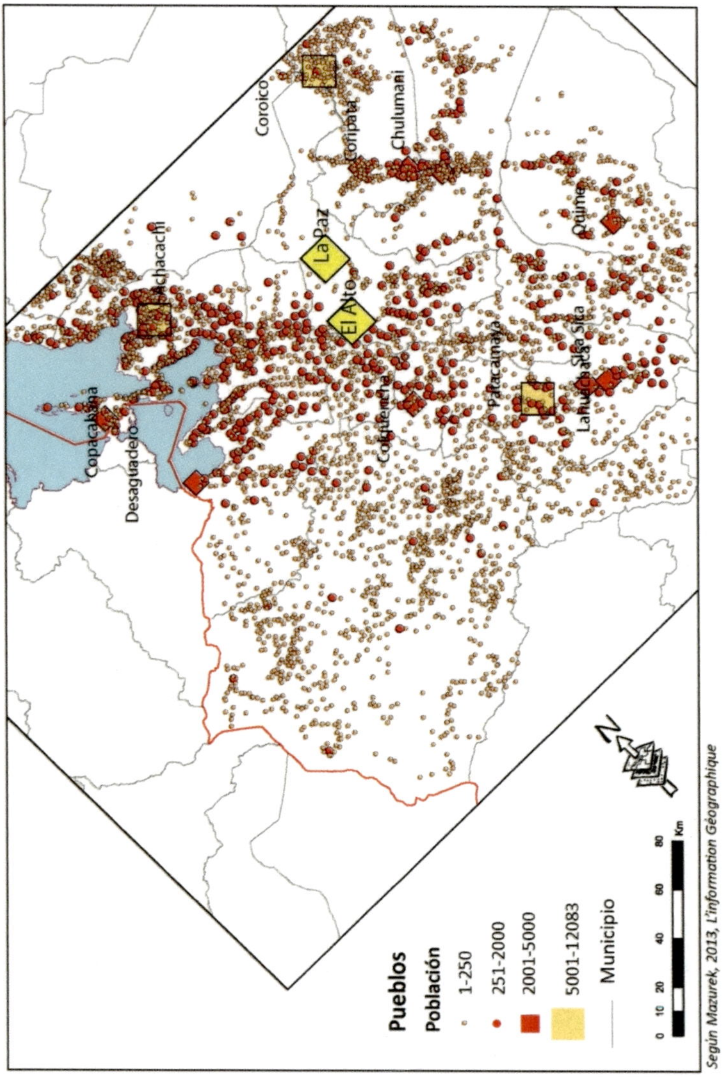

2.1.2 - La composición de un mensaje

[A]- La segunda etapa del proceso cartográfico es entonces la definición del mensaje que el autor quiere mandar, y los elementos de este mensaje.

- El mensaje es una idea o una hipótesis;
- Los elementos del mensaje para la cartografía son espaciales, es decir, se pueden localizar;
- Los elementos están al servicio del mensaje y no lo contrario;
- Los elementos se deben distinguir uno del otro.

[B]- Para anticipar sobre la realización del mapa, se puede describir el proceso cartográfico como teniendo 5 etapas:

1 - **La definición del mensaje fundamental**, es decir, la información principal que se quiere mostrar, dentro de los tipos ya descritos en el capítulo 1:

- La información diferencial: una nomenclatura de objetos, de clasificación, de países, etc.
- La información ordenada: periodos geológicos, orden cronológico, etc.
- La información cuantitativa: medidas, proporciones, etc.

2 - **La representación gráfica** de este mensaje, usando la semiología apropiada (ver a partir de 2.1.3)

3 - El contexto en el cual se encuentra esta información: se trata de todas las referencias necesarias para entender la descripción del espacio, lo que comúnmente se llama el "vestido" del mapa: posición de carretera, de ríos, de pueblos, de lugares específicos que permiten saber dónde estamos. Este vestido es a menudo importante para entender la estructura del espacio, como por ejemplo un río que puede ser una frontera, o un pueblo una centralidad (ver capítulo 5 y adelante). Por ejemplo, en el mapa 2.1, se dibuja únicamente el lago Titicaca y los municipios. Eso es suficiente para entender la estructuración vertical del poblamiento, y la posición respectiva de El Alto y de La Paz. Otros elementos adicionales como ríos, carreteras, relieve, podrían perturbar el mensaje.

4 - La referencia del espacio (capítulo 3): se trata de la proyección, de la escala, de los límites, etc. que permiten delimitar el espacio y hasta posicionar exactamente todos los elementos del mapa.

5 - La referencia del mensaje (capítulo 4 y adelante): se trata de todo tipo de información que permite entender el significado del mensaje: la leyenda, el título, sub-título, nota, fuentes, etc. A menudo (ver capítulo 5) el mapa tiene que ser acompañado de un comentario para evitar toda mala interpretación.

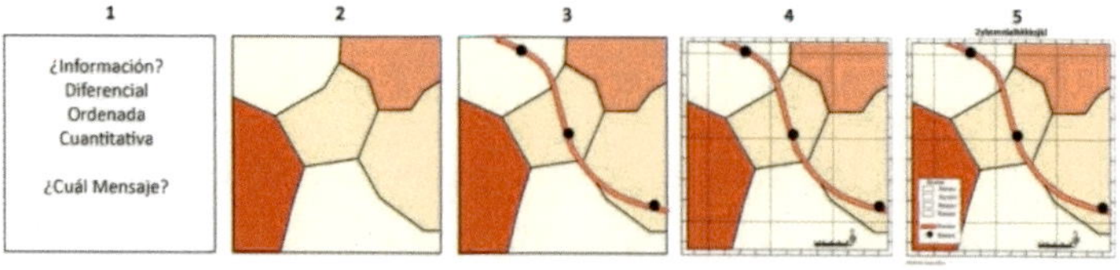

Figura 16. Las cinco etapas del proceso cartográfico.

Todos los elementos no son necesarios a la comprensión del mapa. Algunos mapas dibujados son totalmente explícitos en relación al mensaje que quieren hacer pasar. Aquí está un ejemplo de mapa explicando la estructuración de un espacio en el caso de un plan de ordenamiento territorial en Francia (SCOT: Esquema de Coherencia Territorial).

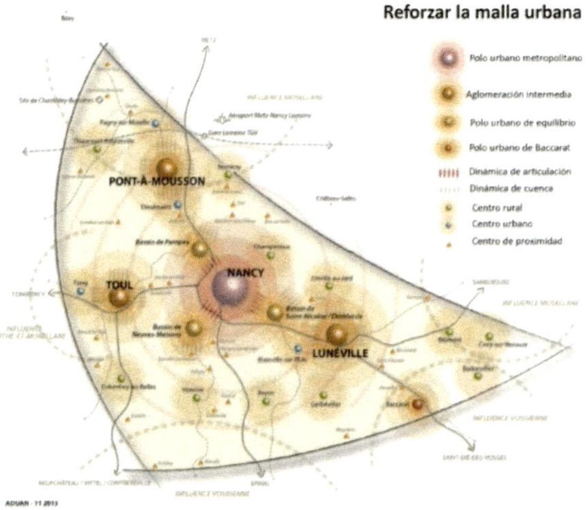

Figura 17. Este mapa muestra la estructuración del espacio urbano en el departamento de Meurthe et Moselle, al Este de Francia; El mensaje que se quiere mostrar no es cuantitativo, sino que es simbólico de la estructuración de la red urbana (diferencial y ordenado) con un contexto y unas referencias de espacio minimalistas (red vial simbolizada por líneas grises), sin ninguna referencia geográfica, por ejemplo. Sin embargo, este mapa es suficiente para entender cómo se tiene que reforzarse esta red, y el equilibrio necesario para tener un territorio bien articulado y funcional.

2.1.3 - Semiología y cartografía: lo que es posible hacer

El mensaje cartográfico es visual y no discursivo. Pone en función el ojo como lector del mensaje. La imagen no tiene más que tres dimensiones y no permite la superposición de mucha información. Por estas razones, el mensaje tiene que ser sencillo; en general, un mapa que contiene varios mensajes no bien definidos no es legible.

La figura 17 tiene esta calidad: el espacio es inmediatamente reconocible (un triángulo) y el mensaje es único (organización de la red urbana). Los otros elementos disponibles (posición del aeropuerto, zonas de influencia, carreteras, etc.) están presentes para reforzar la idea principal (los elementos necesarios para reforzar la red urbana). El mapa es legible porque respeta el mensaje, y lo traduce con simbología sencilla (círculos semi-cuantitativos, colores que apoyan la jerarquía, líneas de influencia, etc.).

El mensaje discursivo se traduce en mensaje gráfico gracias a 5 principios:

- Todo elemento del gráfico debe poder identificarse (agudeza visual y umbral de percepción);
- Todo elemento debe poder distinguirse de los demás (umbral de separación y umbral de diferenciación);

Tabla 2. Limitantes visuales y umbral del dibujo de elementos gráficos.

Limitante visual	Dimensión gráfica mínima
Agudeza visual de discriminación	Se puede distinguir una mancha de 1/10 mm
Agudeza visual de alineación	Dos líneas no son continuas cuando se separan de 0,02mm
Umbral de percepción	Círculo: 0,2 mm (doble de la agudeza visual para poder distinguir un círculo de una mancha) Cuadrado: 0,4 mm Círculo vacío: 0,3 mm Cuadrado vacío: 0,5 mm Triángulo: 1mm Otros símbolos: 0,5mm
Umbral de separación	Para líneas: 0,2 - 0,3 mm Puntuales: 0,2mm
Umbral de diferenciación	Puntual: entre dos círculos de tamaño diferente, la diferenciación es posible cuando la ratio de las superficies es de dos Líneas: 0,3mm entre dos elementos

- El mensaje debe ser adaptado a un público específico: científico, prensa, niño, etc.;
- El mensaje debe respetar los limitantes de la fabricación (a mano, en papel según formato, con informática, etc.);
- Debe respetar también el soporte y la técnica de reproducción (calidad, forma, colores, B&N, etc.).

Con todos estos principios, sabemos lo que podemos hacer, usando la semiología gráfica que vamos a describir en los párrafos siguientes.

2.2 - Las reglas fundamentales de la semiología[7]

La gráfica se lee y percibe en dos tiempos:

- **la identificación externa**: de inmediato, todos los elementos deben ser legibles. Se debe saber cómo reconocer lo abajo de lo arriba, es decir el significado de los ejes x, y o z. Se debe poder identificar cada porción o grupo de signos (leyenda, texto, gráfico, etc.). Se debe poder leer los textos, anotaciones, patrones, etc., ninguno debe ser demasiado pequeño. En primera lectura se debe saber de qué se trata, cuál es el mensaje, y cuáles son los componentes de este mensaje.

- **La identificación interna**: la relación entre los diferentes componentes del mensaje (leyenda - símbolos, relación entre símbolos, posición relativa de los componentes, etc.). Lo parecido, el orden y la proporcionalidad son los tres significantes de la gráfica, transcritas en elementos visuales.

Veremos la composición del mapa que permite tener la mejor lectura externa en el capítulo 3. En esta parte veremos los símbolos y la relación entre ellos.

[7] Subcapítulo realizado principalmente gracias a las obras de Bertin, J. (1977). La graphique et le traitement graphique de l'information. Paris, Flammarion, 278p. y École Nationale des Sciences Géographiques (1999). Cartographie. Vol1 : Sémiologie graphique et conception cartographique. Marne la Vallée, École Nationale des Sciences Géographiques.

EL SISTEMA GRÁFICO

3 SÍMBOLOS	3 RELACIONES	5 PROPIEDADES	8 VARIABLES VISUALES
Punto P	Proporcionalidad	Cuantitativa	X y Y
Línea L	Orden	Ordenada	Tamaño
Zona Z	Parecido	Selectiva	Valor
		Disociativa	Patrón
		Asociativa	Color
			Orientación
			Forma

Figura 18. las características del sistema gráfico

2.2.1 - Los tres elementos de base

[C]- La gráfica y la cartografía son muy pobres en signos. Solamente tres elementos nos pueden servir para componer un mensaje: **el punto, la línea y la superficie**. Son, por supuesto, cada uno una abstracción de un significado.

Cada elemento se puede sobreponer a otro que no sea de la misma naturaleza: será muy fácil superponer una superficie y un punto o una línea y una zona, mucho más complejo dos superficies.

El punto

- Simboliza un lugar y la característica de este lugar;
- puede tener un valor cualitativo (significado del lugar): como símbolo figurativo, expresivo (ideograma) o convencional;
- puede tener un valor cuantitativo, la cual se expresa por el tamaño;

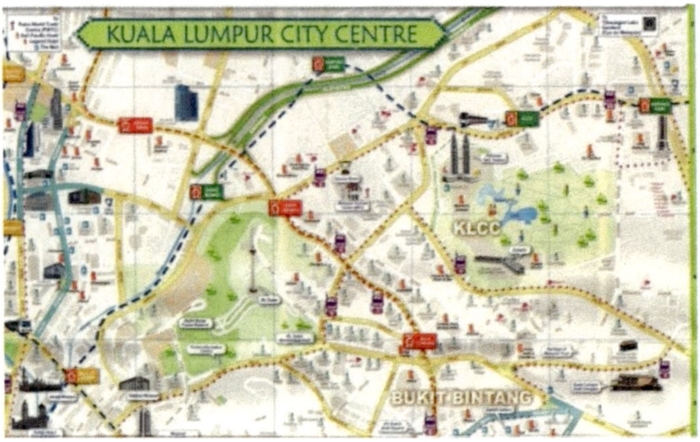

Figura 19. Mapa de los sitios de interés en Kuala Lumpur (Malasia)

Algunos ejemplos del uso de símbolos figurativos: dos mapas turísticos (Kuala Lumpur, una indicación turística en el salar de Uyuni).

Como son figurativas, los símbolos deben ser grande para ser legible; son entonces muy característicos de los "mapas para leer." La localización no tiene aquí mucha importancia; la repartición global es el mensaje general.

En el mapa del salar de Uyuni, el uso de ideograma sirve para simbolizar varias funciones turísticas. Los dos son normalizados en la medida en que tienen una leyenda explicita. De la misma manera, estos mapas no traen mensaje de estructuración sino de información (mapa para leer). Las localizaciones son aproximativas, pero no es importante para la comprensión global del mapa.

Figura 20. Mapa turístico del Salar de Uyuni (Bolivia)

Una parte del mapa topográfico de Ayacucho (Perú) lo cual muestra algunos símbolos convencionales para los pueblos y ciudades, las cumbres, los aeropuertos, las ruinas, etc. En este ejemplo, la posición de cada punto es precisa, acorde con las coordenadas y la escala del mapa.

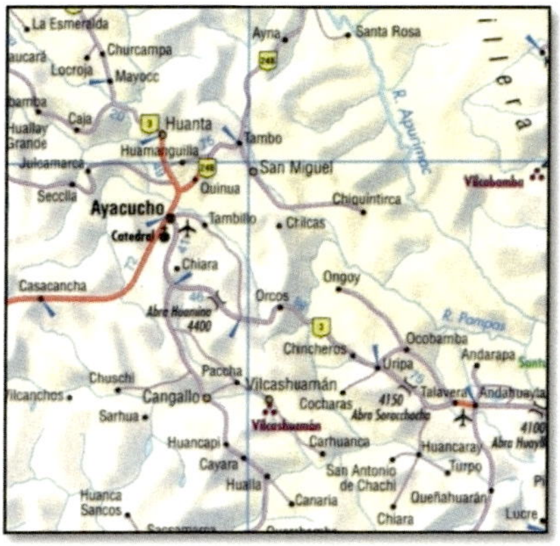

Figura 21. Mapa de ubicación de los pueblos de la región de Ayacucho (Perú)

Un mapa dónde el círculo de superficie proporcional representa la cantidad de personas hablando quechua. Cada punto se ubica en el centro de un municipio, y caracteriza este municipio, y su tamaño simboliza una cantidad.

El valor cuantitativo modela el símbolo del hablar quechua, y permite tener una información global de distribución de la población, y una información relativa de la posición de cada municipio.

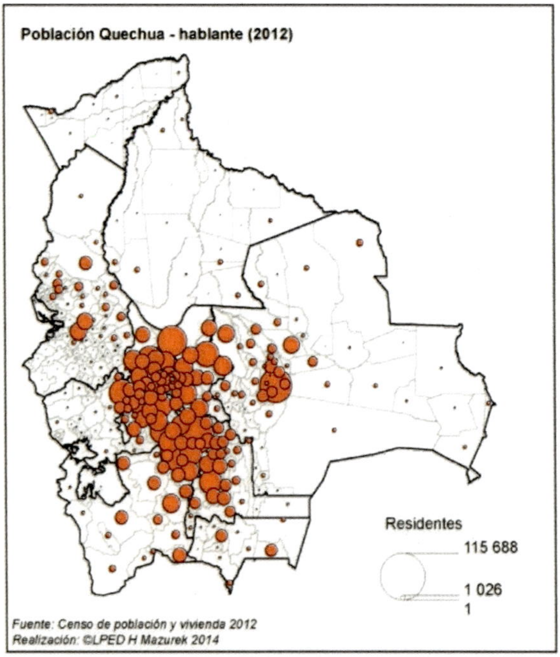

Figura 22. Mapa estadístico de la población quechua-hablante por municipio de Bolivia. Fuente: Censo de población, INE, 2011.

La línea

- La línea simboliza un límite entre dos porciones de un espacio o un elemento de una red;

- Puede tener un valor cualitativo en general normalizado por su forma y su color (río, carretera, red eléctrica, relación entre dos lugares, etc.);
- Puede tener un valor cuantitativo en general representado por su grosor.

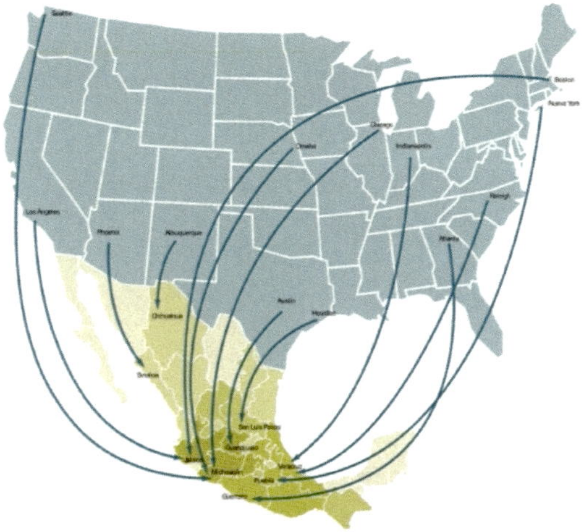

Figura 23. Las remesas de la migración desde los estados de USA hacia los estados de México. Fuente: Wikimedia commons.

En los mapas precedentes, se puede encontrar varias formas de línea.

En el mapa topográfico de Ayacucho se puede ver tres tipos de líneas relativas al tipo de carretera (semi-cuantitativa) y una línea azul simbolizando los ríos.

En el mapa del quechua-hablante, la línea sirve únicamente para delimitar las fronteras de los municipios y departamentos.

En el mapa de las remesas, la línea es el mensaje porque muestra la dirección de los principales flujos y la configuración Este-Oeste de la migración.

La zona

- La zona es toda superficie delimitada o no por un límite que tiene valor de información geográfica. Se supone que la superficie es homogénea, es decir que todos los lugares dentro de la superficie tienen el mismo valor.
- Puede tener un valor cualitativo (tipo de vegetación, carácter urbano o rural, pertenencia cultural, etc.) simbolizado por colores o texturas, o a veces número o letras;
- Puede tener un valor cuantitativo (valor relativo de población, altitud, intensidad de un fenómeno, etc.) simbolizado también por colores o texturas.

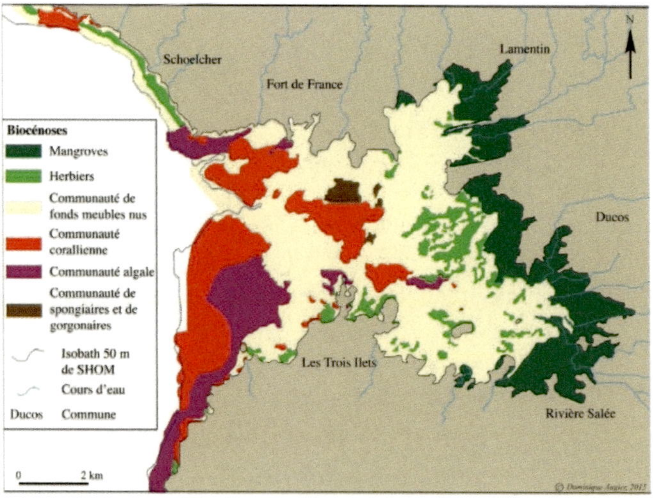

Augier, 2015 – Sources : d'après Impact-Mer et Asconit-Consultant, 2010 ; Legrand, 2009

Figura 24. La distribución de las biocenosis en la bahía de Fort de France (Martinica).
Fuente: Augier, 2018

En el mapa de la figura 24, las zonas de colores simbolizan un tipo de biocenosis: Manglares, Coral, Gorgones, etc. de una bahía en una isla de Antillas.

En el mapa de la página siguiente de los pisos ecológicos del municipio de Potosí, Bolivia, se puede ver varias delimitaciones de zonas:

- con límite blanco se representa los límites de las comunidades (líneas);
- con límite violeta los distritos (Líneas);
- algunos distritos están con textura fina para indicar una característica especial;
- los colores de fondo dan la posición de los elementos en relación a la altura (zonas). Aquí está representado un carácter cualitativo (el piso ecológico) que en realidad corresponde a un corte cuantitativo de límites de altura.

Estos ejemplos de mapas cumplen todos con un buen nivel de mensaje en la medida en que

- todos los elementos son legibles (mapa para leer);
- se puede identificar una percepción global del mensaje (mapa con sentido);
- el mensaje está adaptado a su público;
- los elementos de semiología son respetados.

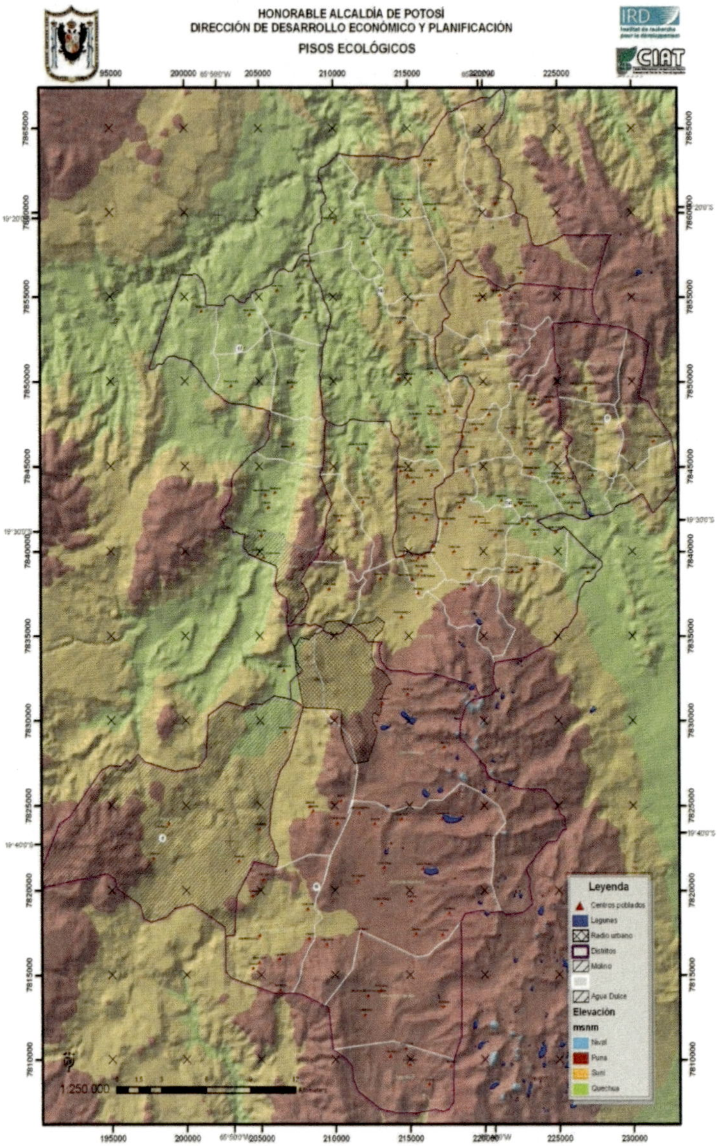

Figura 25. Pisos ecológicos del municipio de Potosí. Realización propia en el marco del plan de ordenamiento del municipio.

2.2.2 - Las tres relaciones

"El parecido, el orden y la proporcionalidad son los tres significados de la gráfica. Estos significados son transcritos por variables visuales teniendo las mismas propiedades significativas" (Bertin, 1977).

El parecido significa que dos elementos similares del mensaje deben tener un símbolo parecido. Por ejemplo, si se trata de representar la ubicación de iglesias o de restaurantes, todas las iglesias deben tener el mismo símbolo y todos los restaurantes otro símbolo.

Dos círculos son parecidos, como dos rectángulos o dos colores.

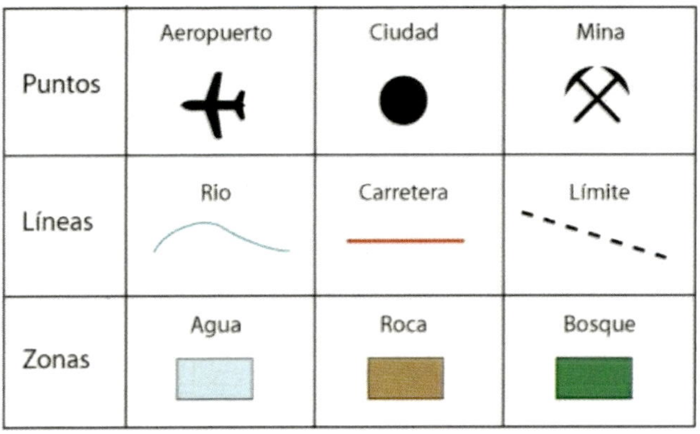

Figura 26. **Símbolos para algunos elementos del mensaje**

El orden significa que todos los símbolos de igual propiedad se pueden ordenar entre ellos. Por ejemplo, en la figura

17, los diferentes símbolos que representan centros urbanos tienen la misma forma parecida (un globo) pero son de tamaño o de color diferente significando un cierto orden entre el Polo urbano metropolitano y el Centro urbano, por ejemplo. El tamaño es por supuesto el carácter más fácil para simbolizar un orden. Sin embargo, el valor puede también transcribir un mensaje de orden.

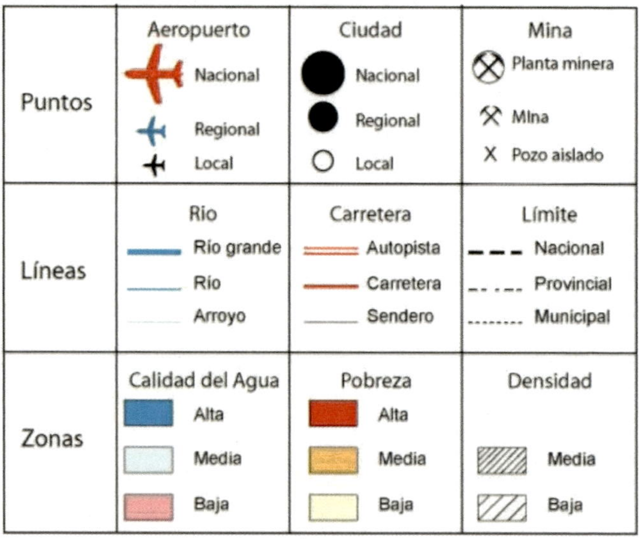

Figura 27. ***Símbolos para algunos elementos ordenados del mensaje***

La proporcionalidad o el carácter cuantitativo del mensaje se transcriben por el tamaño del símbolo. No hay posibilidad de proporcionalidad para las áreas. El color puede transcribir un valor proporcional con algunas condiciones (agrupamiento en clases) que veremos en otro capítulo.

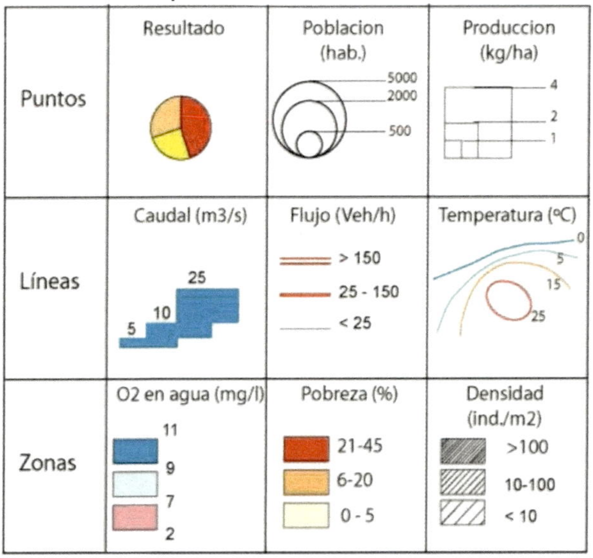

Figura 28. Proporcionalidad de los elementos de la gráfica

Estas relaciones son importantes de considerar. Cada vez que se realiza un mapa, y por cada elemento del mensaje, Ud. se tiene que preguntar si el símbolo y la relación aplicada responden a una de estas tres relaciones.

2.2.3 - 8 VARIABLES VISUALES Y 5 PROPIEDADES

[D]- [E]- Las variables visuales permiten al cartógrafo expresar las relaciones de parecido, orden y proporcionalidad. Pueden ser clasificadas en dos categorías: variables de imagen y variables de separación (ver figura 29).

Las variables de la imagen

Son constituidas de los tres ejes del espacio: X, Y, Z.

Crean una fuerte diferenciación entre los elementos del mensaje, apoyando orden y proporcionalidad.

X y Y representan el plan de la hoja de papel o de la pantalla, o de toda superficie que sirva para representar la localización de cada símbolo representativo dentro de un mapa (plano o no). Un símbolo se puede así posicionar dentro del plan y tener una de las relaciones con otro símbolo en otra parte del plan. La primera dificultad reside en el hecho que la superposición de símbolos en el mismo lugar (mismo X y Y) es poco significativo a nivel de la discriminación visual. Eso significa también que la acumulación de símbolos en cantidad importante puede poner problema en la lectura del mapa.

Z representa en general la relación de orden y/o proporcionalidad. Puede significar una variación de tamaño del símbolo, o una variación de valor del mismo símbolo. El tamaño y el valor son variables de la imagen porque contribuyen a simular un relieve en el plan (variable Z de elevación).

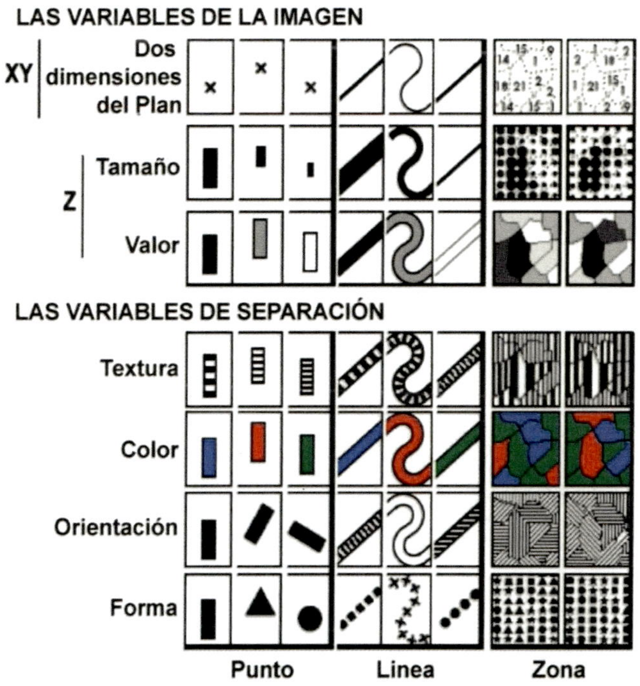

Figura 29. las ocho variables visuales según Bertin

Las variables de separación

La textura, el color, la orientación y la forma, al contrario del valor y del tamaño, no hacen diferenciación sino asociación, dando a cada elemento la misma visibilidad. Generan patrones planos, sin relieve, separando los elementos entre ellos sin hacer aparecer estructuras o jerarquía. La propiedad es asociativa.

Las variables de la imagen y de separación tienen propiedades de diferenciación y asociación diferentes (ver tabla 3), que se trata de usar según la naturaleza del mensaje y de los elementos que se quiere mapificar.

		5 Propiedades				
		Cuantitativo (Proporcional)	Ordenado	Selectivo (diferencial)	Disociativo (Visibilidad variable)	Asociativo (Visibilidad constante)
Las variables de la imagen						
XY	*Dos dimensiones del plan*					
Z	*Tamaño*					
	Valor					
Las variables de separación						
	Textura					
	Color					
	Orientación					
	Forma					

Tabla 3. las propiedades de las 8 variables visuales

En la tabla 3, todas las combinaciones en rosado no deben ser utilizadas, con riesgo de destruir el significado del mensaje. Las de color verde claro pueden ser aceptadas en algunas condiciones. Las de verde oscuro son las que hay que privilegiar. Por supuesto, las diferentes variables visuales se pueden combinar entre ellas para combinar las propiedades.

Por ejemplo, Forma + Tamaño permite diferenciar varios elementos y sobreponer a esos elementos una propiedad cuantitativa.

Revisaremos las diferentes variables de separación antes de dar ejemplos de uso.

La textura es selectiva porque permite separar zonas y líneas de misma visibilidad. La selectividad se limita en general a tres niveles. La textura es asociativa y en asociación con el valor, permite representar un elemento ordenado, y también una oposición entre dos series (negativo y positivo, por ejemplo).

La textura es constituida por una cantidad de símbolos gráficos (puntos, líneas o zonas) contenidos en una superficie. El valor de la textura no debe cambiar, es decir que la relación entre el blanco y el negro debe ser idéntica entre dos texturas diferentes; la cantidad disminuye, pero el símbolo se agranda: la finura de la textura es proporcional a la cantidad de símbolos distribuidos en la superficie. La constitución de la textura tiene que tomar en cuenta el modo de reproducción del mapa (ver 2.1.3), para que no haya problema de visibilidad.

Hoy en día, se usa muy poco la textura, aunque tiene características interesantes: una selectividad muy importante; la transparencia que permite la superposición; un efecto vibratorio interesante para resaltar fenómenos.

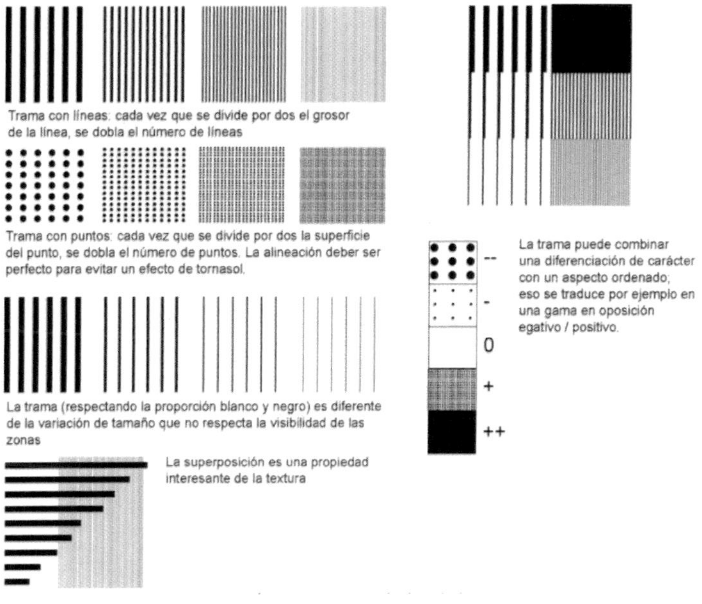

Figura 30. D*iferentes propiedades de las texturas*

La variable orientación se justifica para los puntos y en ciertos usos para las zonas; su uso es muy limitado para las líneas. Con los puntos, su poder de selectividad es muy importante, al mismo nivel que el color y más que la forma. La variación de orientación se combina muy bien con la variación de tamaño y de forma. Para las zonas, el único interés es la diferenciación de diferentes caracteres que pueden superponerse.

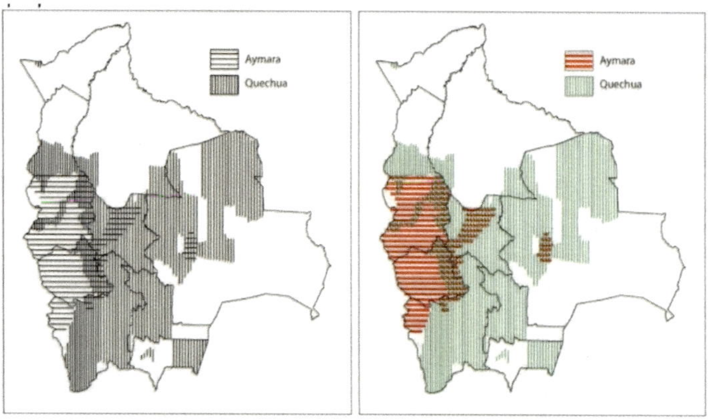

Figura 31. Las zonas de influencia de los Aymaras y Quechuas en Bolivia.

El poder de diferenciación de la orientación es débil en caso de zonas (Izquierda). A la derecha, el mapa combina orientación, tamaño y color para una mejor visibilidad.

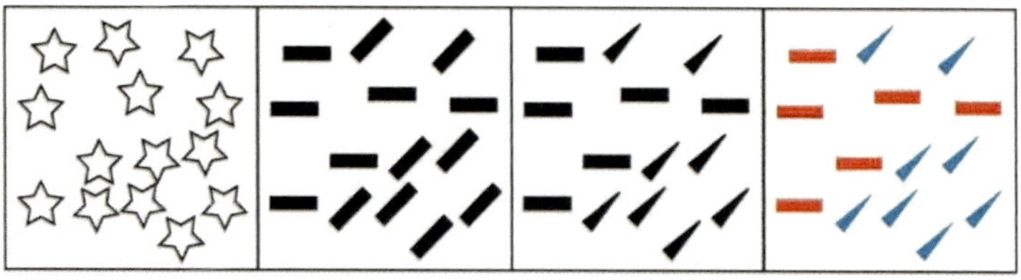

Figura 32. Cualquier forma no es apta para la variable orientación. *Las estrellas (por ejemplo) no aportan ninguna diferenciación; el rectángulo permite de ver una primera estructura de distribución. Asociar orientación y cambio de forma permiten resaltar la estructura; el color no aporta mucho más a la comprensión del esquema.*

La forma es fácil de manejar, pero falta de selectividad, es decir, no permite abrazar la imagen formada por todos los mismos símbolos. Solamente permite responder a la pregunta: En este lugar, ¿qué hay? pero no permite responder a ¿Cómo está distribuido el carácter?

La forma se utiliza entonces solamente para la representación de puntos, con símbolos normalizados que permiten una identificación rápida (símbolo de un aeropuerto, de una escuela, de una cumbre, etc.). Se usa en este caso principalmente para los mapas a leer (mapas topográficos, por ejemplo).

Para expresar una diferencia se tiene que asociar la forma con la orientación y el tamaño, a veces el color.

Con líneas, la forma permite expresar una diferencia, pero el uso es también muy limitado (tipos de carretera, de fronteras, diferenciación carretera - ferrocarril, etc.).

En zonas, la forma se usa para construir tramas y texturas.

2.2.4 - Del uso del color

Existen tres sistemas para definir un color:

- RGB: Rojo, Verde, Azul (*Red, Green, Blue*)) son del sistema aditivo; es decir, cuando se superpone estos tres colores se obtiene un color blanco (cuando no hay color, es negro). Se habla de colores fundamentales. Es el sistema de la pantalla de televisión o de computadora.
- CMY: Cian, Magenta, Amarillo (*Cyan, Magenta, Yellow*) son del sistema sustractivo; es decir, cuando no hay color, es el color de fondo (blanco para una hoja de papel); cuando se mezcla los tres colores se obtiene un negro.

Son colores primarios. Es el sistema de la imprenta, y del dibujo sobre una hoja de papel.

- HLS: Color, Luminosidad, Saturación (*Hue, Lightness, Saturation*) son de un sistema más psicológico, más cercano de nuestra percepción en un medio particular.

El color es la tonalidad resultado de la combinación de los colores fundamentales. El rojo encuentra a 0°, el verde a 120 y el azul a 240; El amarillo a 60, Cyan a 180 y Magenta a 300; Los colores complementarios se encuentran cada 180° (ejemplo: rojo - azul; naranja 30, azul - 210, etc.); Los colores que se pueden asociar se encuentran a 60° (ejemplo: rojo - amarillo, naranja - verde, azul - magenta, etc.); los colores en oposición se separan de 90° (rojo - verde; rojo - azul; etc.).

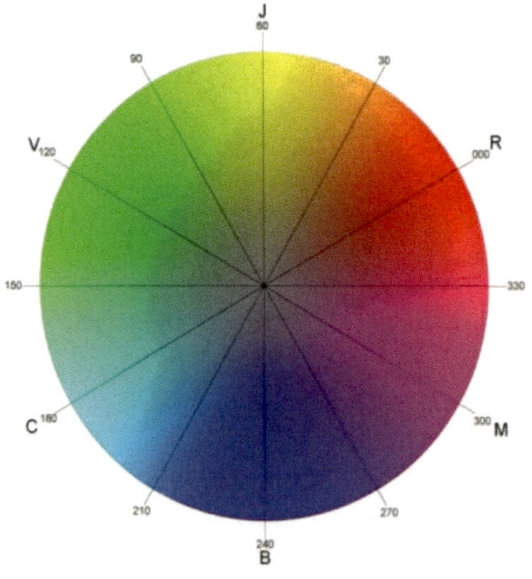

Figura 33. La paleta de colores visibles, en sistema RVB y CMY

- La luminosidad expresa la claridad o el brillo del color, desde el negro hacia lo blanco.
- La saturación expresa la pureza del color desde el gris hacia el color más puro.

En todos los programas de dibujo, de retoque de imagen o de cartografía, estos tres sistemas permitirán definir exactamente el color que se quiere para representar un elemento del mensaje. Existen además gamas de colores de referencia (colores Pantone, por ejemplo) que sirven para controlar el aspecto del dibujo en caso de impresión en papel. Es necesario hacer imprimir la gama de la figura 34 en la imprenta de su libro, con el fin de controlar perfectamente el resultado.

La gama de referencia que utilizamos más en cartografía (incluso en pantalla) es la gama CMY, presentada en esta página. Se trata de 11 bloques de 11 líneas y 11 columnas. Cada bloque tiene un incremento de 10% de amarillo (de 0 a 100% de amarillo), las líneas incrementan el cian de 10 en 10; las columnas el magenta.

El cuadro cercado de negro de la gama de colores de la figura 34 tiene como valor: 50% de amarillo, 10% de cian y 70% de magenta.

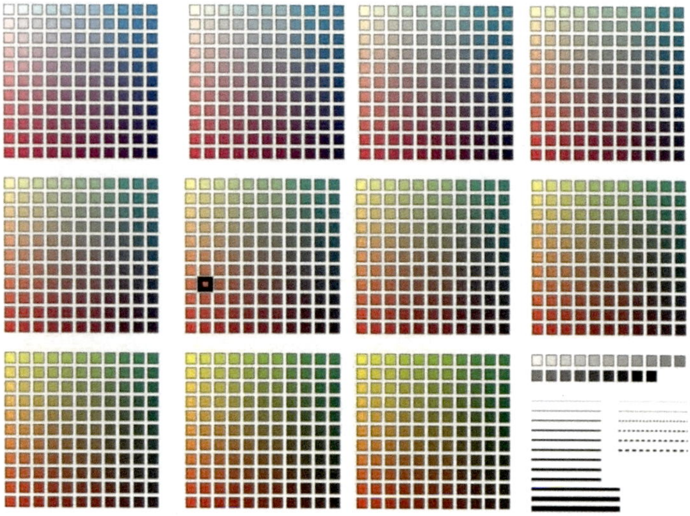

Figura 34. Gama de colores de referencia para la cartografía y la imprenta.

- Los colores puros ofrecen la mejor selectividad.
- Los colores no son ordenados entre ellos (la percepción de un color es subjetivo y depende de los colores alrededores), pero se puede construir gamas de colores que parece ordenadas: una línea (o una columna) de un bloque del esquema 35 constituye una gama continúa ordenada; una línea seguida de una columna (o vice versa) constituye una gama en oposición.
- Se necesita respetar la tonalidad de la gama, en el orden del arco iris. Una gama en verde empezará con un amarillo; así como una gama en rojo. Una gama en azul nunca empezará con amarillo.
- Para las gamas en oposición, respetar la armonía de los colores complementarios: verde / naranja, azul / magenta, etc., nunca verde / azul.

- Usar las gamas en oposición solamente cuando existe realmente una oposición con un valor central (oposición: negativo / positivo, alrededor de un valor de referencia como el promedio, etc.).

La percepción del color:

1)- en cartografía, muchos colores son normalizados. Por ejemplo, se suele utilizar el azul para todo lo que simboliza un cuerpo de agua; el verde para la vegetación; el rojo para la industria; el rojo para las carreteras; el amarillo para las zonas áridas; etc.

Según el mensaje que Ud. quiere entregar, es importante verificar primero si no existe una nomenclatura adaptada, por ejemplo, para mapa de vegetación, geológicos, de suelo, etc., en su país o en países vecinos (ver en anexo los sitios web mencionados).

2)- el color es una construcción social. A lo largo de la historia, los colores han tenido valores distintos, en relación a la disponibilidad (y el costo) de los pigmentos. El azul, por ejemplo, era el color de los pobres y de los barbaros, y no fue utilizado en las pinturas hasta el siglo XII. ¡Antes, el cielo era de color oro, después se volvió azul porque el *lapis lazuli* se volvió más caro que el oro mismo! Se volverá color de los reyes a partir del renacimiento.

La estética y la armonía de los colores es una noción muy reciente (siglo XIV, Pastoureau & Simonnet, 2006).

Eso significa que el color que se utiliza para expresar un mensaje no es neutral.

Algunos significados de los colores:

- ✓ **ROJO**: sexo, peligro, poder, prohibición, calor, buena suerte en Asia. En general es utilizado para aspectos positivos (por norma eléctrica...).
- ✓ **AZUL**: tranquilidad, competencia, nobleza, inmortalidad en China. En general se usa para caracteres negativos (por norma eléctrica...).
- ✓ **AMARILLO**: juventud, sol, luz, neutro
- ✓ **VERDE**: esperanza, naturaleza, plata (¡Dólar!), ecología, libertad. Se usa para carácter optimista.
- ✓ **BLANCO**: pureza, limpio, honestad; es el color neutro por excelencia.
- ✓ **NEGRO**: muerte, máximo, problema. Es el color que nos muestra un fenómeno que no puede ir más allá.

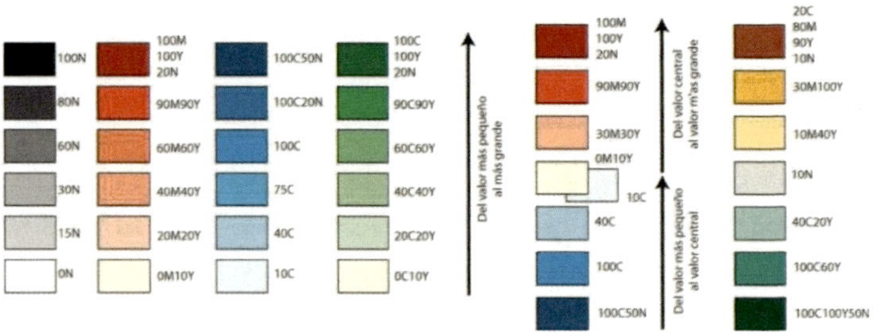

Figura 35. Diferentes tipos de gamas de colores, con dos gamas en oposición. *Si el número de clases es impar, se necesita un valor neutro (amarillo, blanco, gris); si es par, no se necesita.*

Para recordar

1 - No hay que tener intención de universalidad; todo mapa es subjetivo.

2 - Se necesita construir un mensaje.

3 - Se necesita respectar algunos principios de calidad básicas:

- *Calidad del mensaje*
- *Precisión de la información. Aunque el mapa sea hecho a partir de un dibujo, la información que representa debe ser precisa y fácilmente legible. La precisión no significa un valor exacto sino un mensaje exacto.*
- *La exactitud también es relativa al mensaje que se construye. Si el mapa es a base de estadísticas, la representación en clases (ver capítulo 4.3) debe respectar algunas propiedades estadísticas. Si el mensaje es cualitativo, el destinatario no deberá tener ambigüedad sobre la naturaleza de este mensaje.*
- *La fiabilidad significa que cualquier lector del mapa puede tener confianza en el mensaje representado. Eso se verifica a partir de las técnicas utilizadas; de la adecuación de las técnicas o metodologías con la información representada; de la presencia de fuentes de información y de todo lo necesario para verificar la veracidad de lo dicho.*

4 - Se necesita respectar algunos principios de calidad gráfica:

- *legibilidad: uso de los elementos pertinentes de semiología gráfica, de reglas de armonía y estética y de calidad de dibujo y reproducción.*

- ***La selectividad: equilibrio en la densidad de objetos y símbolos representados; elección de los colores, textura o símbolos; adecuación entre representación y mensaje.***
- ***Estética: un mapa agradable.***

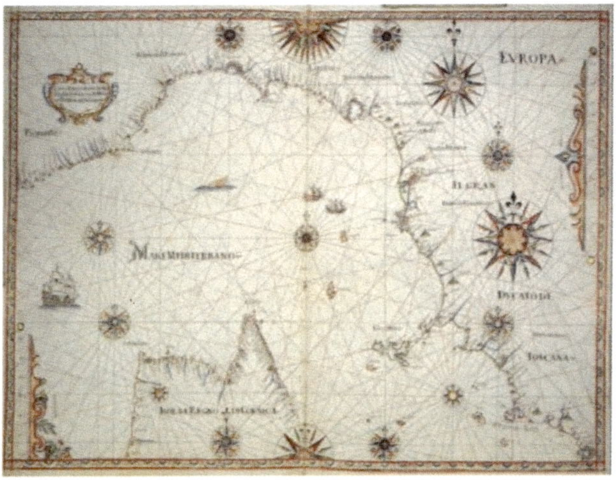

Mapa del Mediterráneo, de Nice a Civitavecchia
«Teatro del Mundo Marittimo» Cavallini Giovanni Battista
1652. Foto Biblioteca Nacional, Paris

CAPÍTULO 3

LA DELIMITACIÓN DEL MAPA

Este capítulo 3 trata de la delimitación del espacio representado, por medio de tres componentes:

- Límites del mapa y representación dentro de un soporte visual (pantalla, papel, afiche, etc.), en función del mensaje deseado;
- Las escalas de representación que definen el nivel de precisión y de agregación del fondo de mapa;
- Las proyecciones para representar de manera legible y estética el fondo de mapa.

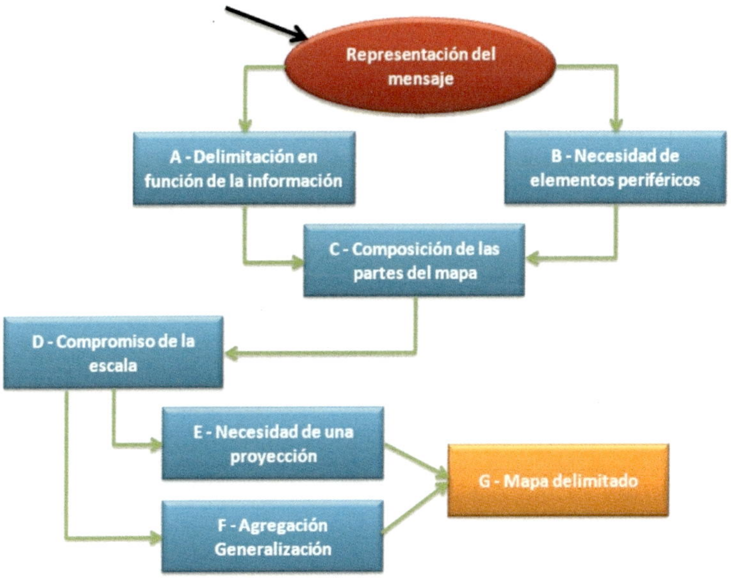

3.1 - La delimitación

[A] [B] [C] Un mapa no puede representar todo el Mundo, tampoco un espacio geográfico muy extendido; se necesita definir la ventana útil para la delimitación del espacio geográfico y su proyección en el soporte de representación, que sea pantalla o papel.

Esta ventana se determina por dos parámetros:

1 - Su extensión en relación a la información disponible;

2 - Los elementos periféricos necesarios para la comprensión de la información.

La extensión periférica es necesaria si se quiere demostrar que la información es muy limitada en el espacio. En caso contrario, el lector supondrá que el fenómeno sigue afuera de los límites del mapa.

La repartición armónica de la información dentro de la hoja de papel (o de la pantalla) se define de la manera siguiente:

- Los elementos gráficos funcionan teniendo un "peso" en la imagen global. Este peso debe ser equilibrado, es decir, regularmente repartido en la hoja. Por otro lado, este peso no debe ser demasiado importante, entre 1/3 y 2/3 de la superficie del soporte (Figura 36);
- La relación entre mapa y el resto de la información (título, leyenda, etc.) debe respectar también una proporcionalidad ligada al número de oro: 1,618. Eso significa que la parte izquierda dónde está el mapa (en la figura 36) no

deberá tener menos que c/1.618: para una hoja de papel horizontal: 260/1.618= 161cm.

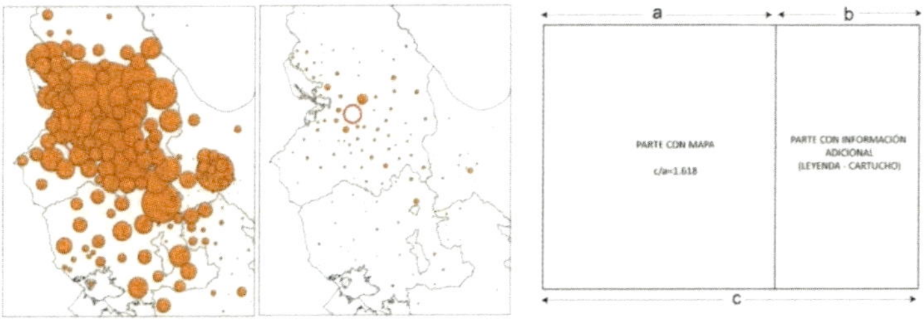

Figura 36. La relación de proporción en una página.

En esta figura 36, el primer mapa tiene una densidad demasiada importante; la masa de los círculos no permite entender ninguna distribución geográfica. El segundo mapa tampoco es bueno porque la densidad de información es muy débil; no se distingue la diferencia entre los círculos.

La parte b del rectángulo de representación no debe exceder c - c/1.618. Esta regla se aplica a representaciones verticales también.

- El mapa de la figura 37 expresa la distribución de la población Aymara que habla su idioma nativo. El primer mapa (a) está re-ubicado dentro de los países andinos lo que tiene una ventaja: permite situar Bolivia dentro del espacio de Sur América; sin embargo, esta delimitación no aporta ninguna información en relación al mensaje. A lo contrario, el lector se puede preguntar: ¿Qué pasa del otro lado de la frontera? El uso de esta delimitación y de un fondo de las fronteras no es útil para el mapa.

- El segundo mapa (b – derecha) es mucho más sencillo, pero más "honesto". Muestra Bolivia como aislada, es decir, el mensaje se aplica únicamente a este país sin necesidad de conocer lo que pasa a los alrededores. Eso es el mapa típico de estadística.

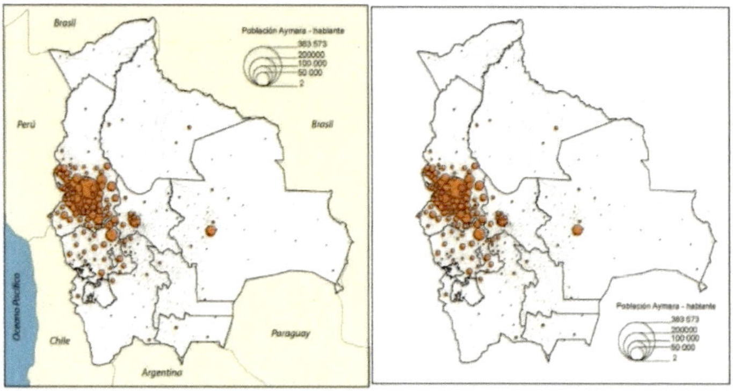

Figura 37 a y b. Dos mapas mostrando la distribución de los Aymara-hablante

- El mapa 38c es un zoom del precedente y propone mostrar la distribución de los Aymara-hablante en las zonas dónde ellos son más presentes. Este mapa tiene el mismo defecto que el primero: no se puede saber lo que pasa a fuera de los límites del mapa, ¿La distribución continua? o hay solamente en esta zona? La orla no delimita el fenómeno o mensaje, porque siempre el usuario supone que existe una información afuera. La orla es una comodidad, o un limitante por la superficie de la página.

  Por otro lado, la proporción entre el mapa y la leyenda no se respecta; la leyenda siendo demasiada grande, porque los círculos ocupan demasiada superficie.

- En el mapa 38d, se ha reducido de 25% el tamaño de los círculos, lo que reduce en la misma proporción la leyenda. El mapa se vuelve más legible, y la proporción mapa / leyenda es más conforme estéticamente. Este tratamiento tiene también la ventaja de poder incrementar un poco el tamaño de la representación lo que permitiría añadir elementos de referencia (nombres, posición de ciudades, referencias geográficas, etc.) pero no cambiará fundamentalmente el significado del mensaje. Solamente permitirá tener una información más interpretable.

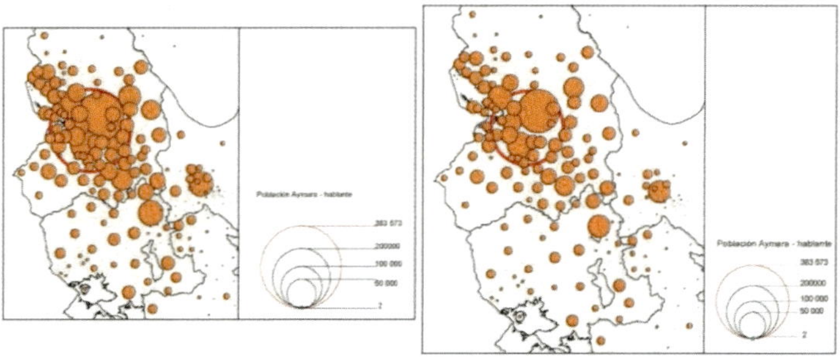

Figura 38 c y d. Dos mapas mostrando la distribución de los Aymara-hablante

3.2 - Las escalas

[D] - La escala representa el tamaño del dibujo (mapa) en relación al tamaño real de los elementos en la superficie terrestre.

También la escala refleja a menudo el nivel de detalle o de precisión que existe en el mapa.

La escala representa entonces el compromiso entre la necesidad de un nivel de precisión y el tamaño del soporte para la representación.

La escala de representación

La escala es la relación que existe entre una distancia representada en un mapa y la distancia real en la superficie terrestre. Se expresa por medio de un equivalente numérico (por ejemple 1cm = 20m, lo que significa que 1cm sobre el mapa representa en realidad 20m) o por una ratio (mismo ejemplo: 1:2000 - o 1 cm igual 2000 cm); se puede representar gráficamente como lo veremos en el capítulo 5.

- Los geógrafos hablan de gran escala cuando la ratio es grande, es decir se representa una pequeña superficie. Por ejemplo, la escala 1:5000 quiere decir que 1 centímetro en el mapa representa 5000cm en el campo, es decir 50m; esta escala es grande.
- Por lo contrario, una pequeña escala, por ejemplo 1: 1,000,000 corresponde a 1 centímetro en un mapa por 10 kilómetros en el campo, es decir una gran superficie.

Entonces hay que evitar la confusión:
Gran escala = pequeña superficie (una comunidad)
Pequeña escala= gran superficie (un país, un continente)

Es importante adecuar la escala de representación a los datos disponible y ajustar la escala a la superficie de representación.

También es mejor escoger una escala con cifra redonda, por ejemplo 1:7500 (en vez de 1:6250), y ajustar la delimitación en consecuencia.

Clasificación de las escalas		
Tipos	**Rangos**	**Uso frecuente**
Pequeña	1: 1 000 000 a 1: 250 000	Mapas de grandes regiones y países, con elementos representados a escala y muchos otros simbolizados
Medianas	1: 1 00 000 a 1: 25 000	Mapas topográficos y de unidades político territoriales, con elementos representados a escala y otros simbolizados
Grande	1: 10 000 a 1: 1 000	Planos de ciudades con todos los elementos representados a escala

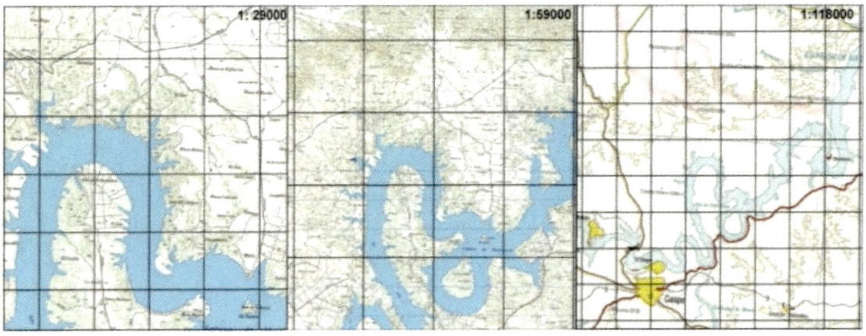

Figura 39. El uso de las escalas grandes, intermediarias y pequeñas.

Para recordar…

Para hacer los ejercicios anteriores, que son muy fáciles vamos a recordar las equivalencias principales en distancias y áreas:

1Km=1000 m 1m=100 cm 1 cm= 10 mm 1 Ha= 10.000 m^2

1 Cuadra: 6400 m2.

Vamos hallar ahora entonces cuanto tiene:

1Ha en km^2? 1 Ha en cuadras? 1 cuadra en Ha? 1 Km2 en Has.?

La variación de escala

Cuando el mapa está representado en un soporte de papel, la variación de la escala (por fotocopia, scanner, etc.) modifica la relación de superficie. En este caso, la escala numérica se vuelve falsa, y es mejor utilizar una escala gráfica (ver en el capítulo 5).

Cuando se trata de un zoom en una pantalla, es importante considerar una redefinición de los símbolos utilizados, los cuales pueden ser muy grandes o a lo contrario demasiados pequeños para ser legible.

En ambos casos, es importante verificar el grosor de las líneas y de otros elementos para asegurar su visibilidad.

La variación de escala puede necesitar también un cierto número de tratamiento para mejorar la legibilidad:

- La proyección de la representación es indispensable cuando la escala es muy pequeña; no necesariamente cuando la escala es grande (eso depende en este caso de la necesidad de tener un cierto nivel de precisión, como en el caso del agrimensor o del catastro o de medidas muy precisas en SIG),
- una generalización de la información gráfica o una agregación de los datos, cuando la escala se vuelve demasiada pequeña.

3.3 - Ubicación, coordenadas y georreferenciación

No conocemos, en la mayoría de los casos, la proyección de un mapa, porque no es útil.

La proyección es necesaria en dos casos:

- Cuando un mapa tiene que respetar una precisión de la ubicación (mapa topográfico por ejemplo o mapa utilizado para cálculo de distancias);
- Cuando el espacio considerado es grande y necesita una corrección debido a la redondez de la Tierra (caso de los mapas de continente o de la Tierra entera).

En la mayoría de los mapas estadísticos o mapas dibujados, la proyección no es necesaria. El mapa 40, por ejemplo, tiene una proyección en UTM, en el sistema WGS84, pero podría ser otra proyección, el sentido del mensaje y la interpretación de la estructura espacial no cambiarían.

Figura 40. Descripción de la cuenca del río Katari, hacia el lago Titicaca. *Este mapa necesita información muy precisa para poder elaborar medidas precisas de sub cuencas, distancias, pendiente, etc. En este caso, todos los referentes necesarios para la identificación de las coordenadas son necesarias (anotación a la derecha, matriz de coordenadas, etc., ver capítulo 5)*

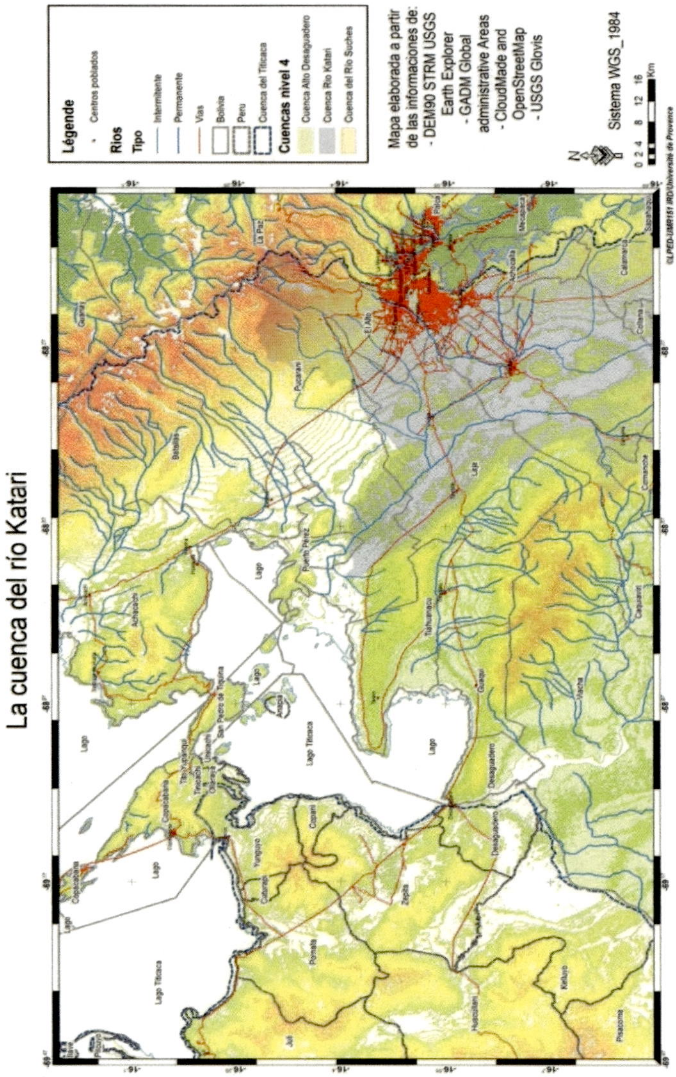
La cuenca del río Katari
Légende
Centros poblados
Rios
Tipo
Intermitente
Permanente
Vias
Bolivia
Peru
Cuenca del Titicaca
Cuencas nivel 4
Cuenca Alto Desaguadero
Cuenca Rio Katari
Cuenca del Rio Suches
Mapa elaborada a partir
de las informaciones de:
- DEM90 STRM USGS
Earth Explorer
- GADM Global
administrative Areas
- CloudMade and
OpenStreetMap
- USGS Glovis
Sistema WGS_1984
0 2 4 8 12 16
Km
©LPED-UMR151 IRD/Université de Provence
La Paz
El Alto
Lago Titicaca
Lago
Copacabana
Desaguadero
Puerto Pérez
Batallas
Achacachi
Laja
Tiahuanacu
Guaqui
Viacha
Pomata
Zepita
Juli
Kelluyo
Pisacoma

3.3.1 - Coordenadas Geográficas o Astronómicas

Fueron desarrolladas por los griegos en los primeros siglos de nuestra era con base en los movimientos de rotación de la tierra. Los griegos dividieron la tierra en líneas imaginarias, unas paralelas a la "cintura" de la tierra o línea ecuatorial, llamados PARALELOS y otras perpendiculares al ecuador, llamados MERIDIANOS.

Gracias a las coordenadas podemos saber dónde estamos y donde esta cualquier elemento que nos interese en un sitio determinado. Finalmente es la información que proporciona un GPS, es decir, la ubicación y delimitación de lo que queramos. Cuando conocemos las coordenadas de puntos, líneas o cualquier elemento que puede servir para realizar un mapa, decimos que los puntos o elementos son georreferenciados.

Para recordar...

<u>Paralelos</u>: Son líneas imaginarias paralelas al ecuador, van de 0° a 90° y definen una coordenada que se llama LATITUD. Los paralelos son circulo concéntricos que a medida que se alejan del ecuador se van volviendo más pequeños, es como sacarle rebanadas a una naranja desde el centro, la rebanada mayor será la del centro y la menor cuando se acerca a los polos. Existe un paralelo de referencia llamado el paralelo 0° que es el paralelo del Ecuador.

<u>Meridianos</u>: Son líneas imaginarias perpendiculares al Ecuador, van de 0° a 180° y definen una coordenada que se llama LONGITUD. Los meridianos son círculos mayores que salen, todos, de un polo y llegan al otro, tienen entonces todos la misma longitud. También existe un meridiano de referencia que se llama el Meridiano de Greenwich en Inglaterra (Hay también el de Paris que se usa en algunos casos).

Los valores de estas coordenadas se expresan en medidas de ángulos (grado, minutos y segundos), así por ejemplo La Paz en Bolivia tiene las siguientes coordenadas: Latitud 16°29´39¨S y Longitud 68°8´5¨1W.

3.3.2 - Coordenadas Planas

Las coordenadas planas se definen con base en un sistema de referencia x, y (abscisas, ordenadas) y se asume que la tierra es plana para este caso. Deben existir un sistema de referencia 0,0 generalmente, para iniciar el conteo y se llama origen. Normalmente este origen es un punto arbitrario pero aceptado para todo el país.

La medida de estos dos parámetros se puede expresar en varios sistemas dentro de los cuales los más comunes son: el radián, el grado sexagesimal, el grado centesimal, el milésimo y también coordenadas kilométricas (como lo veremos en el caso de UTM). Cada grado equivale a 111,32 Km. Esto se deduce de la relación entre el número de grados que tiene la circunferencia de la Tierra (360°) y su circunferencia (40,075 km).

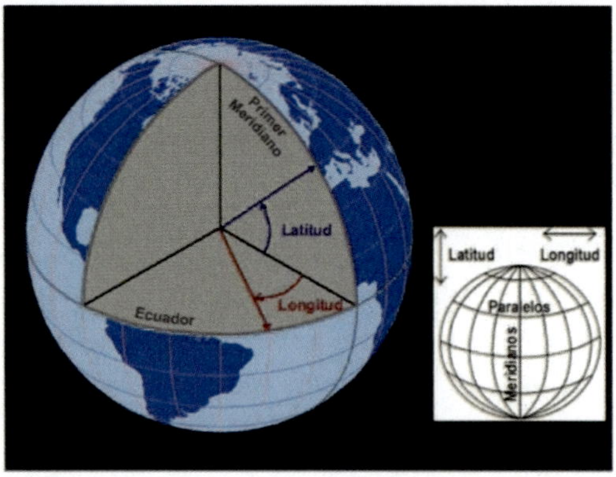

Figura 41. Medida de un lugar en relación al Ecuador y al Meridiano de Greenwich.

UNIDAD	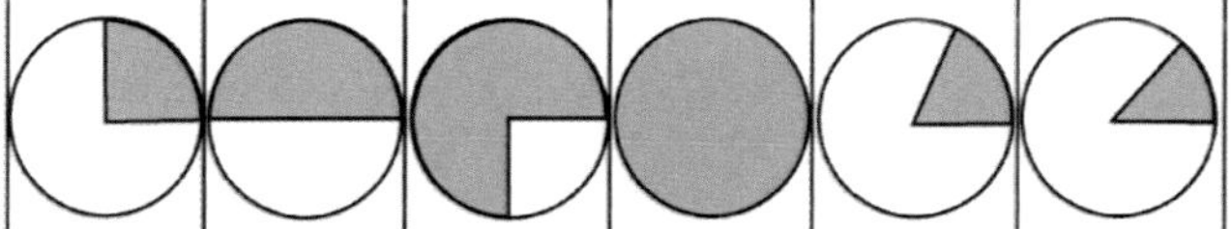					
Radián	Π/2 = 1.57 rd	Π = 3.14 rd	3Π/2 = 4.71 rd	2Π = 6.28 rd	Π/3 = 1.05 rd	Π/4 = 0.79 rd
Grado sexagesimal	90°	180°	270°	360°	60°	45°
Grado centesimal	100 gr	200 gr	300 gr	400 gr	66.666 gr	50 gr
Milesimo	1600	3200	4800	6400	1066.66	800

Tabla 4. Equivalencia entre las medidas de las coordenadas.

Así las coordenadas de la ciudad de La Paz se pueden expresar como:

Grado sexagesimal: *Latitud 16°29′39′′S y Longitud 68°8′5′′W.*

Grado decimal: Latitud -16.494167 y Longitud -68.134722

Distancia UTM: Zone 19K, Latitud 8176203.40m S y Longitud 592349.43m E

3.3.3 - ¿Qué son los sistemas de posicionamiento global - GPS?

Sistema de Posicionamiento Global, conocido también como GPS (de su nombre en inglés *Global Position System*), es un sistema de navegación basado en 24 satélites, que proporcionan posiciones en tres dimensiones, velocidad y tiempo, las 24 horas del día, en cualquier parte del mundo y en todas las condiciones climáticas. Esta tecnología existe desde 1967 y fue desarrollada con fines militares por los Estados Unidos, pero hoy en día tienen múltiples usos y aplicaciones.

Básicamente lo que hacen los GPS es dar coordenadas sobre posiciones, pero ello permite ubicar puntos, delimitar áreas, levantar topografías, etc. Hoy en día los GPS los usamos para actividades muy variadas desde el ocio o el deporte hasta le investigación científica para medir los movimientos de fallas geológicas activas en zonas sísmicas. Los vemos en el transporte, en el comercio, en la navegación y con usos militares y de guerra, muy diversos, hasta en nuestros teléfonos.

Hoy en día existen GPS de muy bajo costo gracias a los desarrollos tecnológicos y las competencias de las empresas, pero también los hay muy sofisticados y costosos. ¿Cuál queremos? Bueno la respuesta la obtendremos respondiendo a: ¿Para qué lo vamos a utilizar?, de esto depende la precisión y el costo del equipo.

Para recordar...
La georreferenciación es el proceso de asignar coordenadas a los elementos de un mapa, aerofotografía o imagen satelital. Para ello es de gran utilidad en estos momentos los GPS, los cuales nos per-

miten obtener coordenadas para ubicar o delimitar elementos naturales o culturales sobre los paisajes y territorios en general.

3.4 - Los sistemas de proyección

Los sistemas de proyección provienen de la necesidad de representar el globo terrestre en una superficie plana. No detallaremos aquí todos los métodos, los cuales pueden ser encontrado en cualquier sitio internet[8], o en programa de cartografía especializado[9].

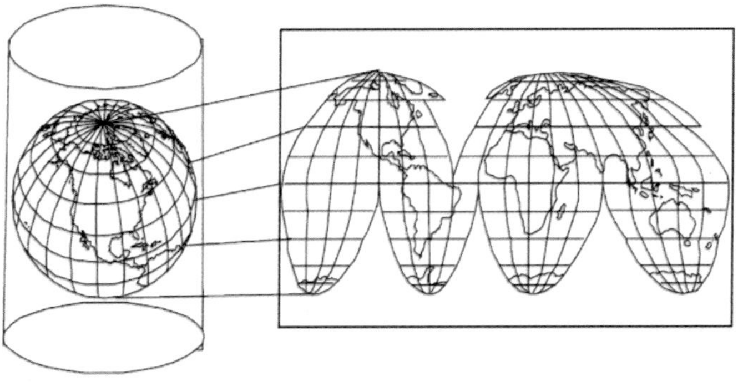

Figura 42. Proyección de la superficie terrestre sobre una superficie plana a partir de un cilindro

Existen tres sistemas de base para la proyección según el plan que cortará el globo terrestre y servirá de base para la representación plana[10]:

[8] En particular, los servicios de cartografía de Chile, del Instituto Geográfico de Perú, de México o del IGAC de Colombia proponen enciclopedias muy detalladas.
[9] Como ArcGis o QGis
[10] Esta parte proviene en gran parte de la obra de Jorge Fallas disponible en internet: Jorge Fallas, 2003, Proyecciones cartográficas y datum. ¿Qué son y para qué sirven?, Laboratorio de Teledetección y Sistema de Información Geográfica, PRMVS-EDECA, Costa Rica - Universidad Nacional, 24p.

A - Cilíndrica

B - Plana

C - Cónica

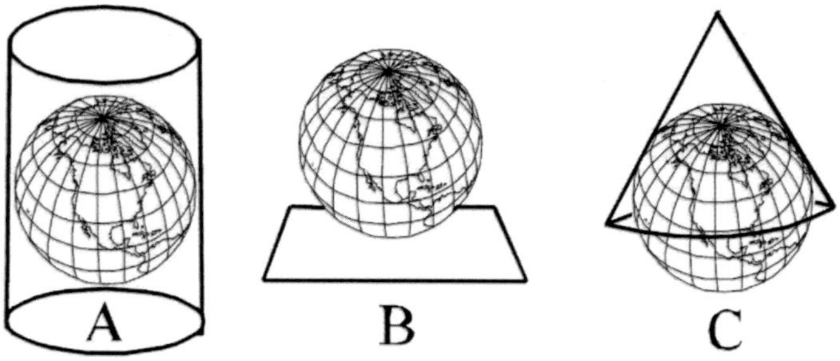

Figura 43. *Los tres tipos de proyecciones*

El interés de estos sistemas, y de sus derivados es permitir conservar algunas propiedades de la superficie terrestre, las cuales son:

- **una proyección *equivalente*** deforma la representación, pero mantiene la superficie de cada elemento; Esta propiedad es a costa de la deformación de los elementos como lo muestra el mapa de Estados Unidos de la figura 44.
- **una proyección conforma**, mantiene los ángulos es decir la forma de los elementos, pero a costa de la representación de la superficie. Los elementos tienen su forma real; se puede medir distancias, pero no superficie. Los paralelos no son en este caso repartidos de manera uniforme como lo muestra el mapa 45.
- **una proyección equidistante** mantiene las distancias y son utilizadas por ejemplo para la navegación;

- **una proyección afiláctica** no conserva ni la superficie ni los ángulos, pero puede mantener las distancias.

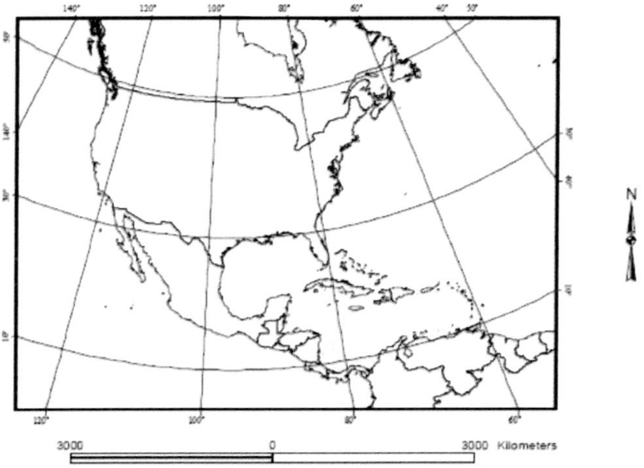

Figura 44. ***Proyección de Albers, equivalente.***

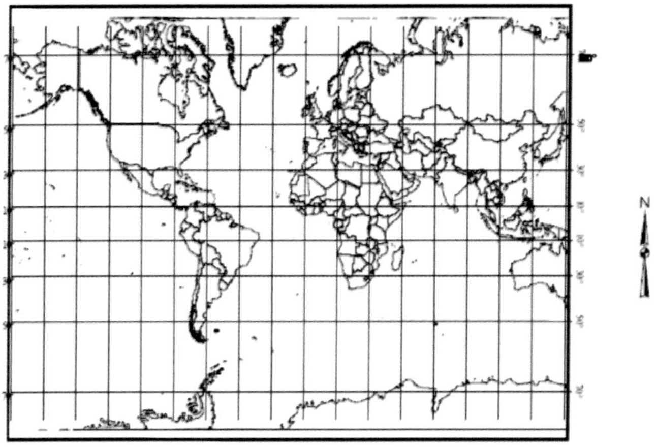

Figura 45. P***royección conforme de Mercator***

Los sistemas son excluyentes, salvo a escala muy grandes (pequeñas zonas). Los nombres de las proyecciones especifican exactamente su uso; por ejemplo "*proyección Lambert conforma* cónica" significa que el mapa proviene de una proyección sobre un cono, que se puede medir distancias, pero no superficie, y que Lambert inventó el cálculo (hay en este caso que consultar una obra especializada).

Ejemplos de proyección:
A - Cilíndrica: Mercator, Lambert cilíndrica de igual área, equi rectangular;
B - Plana (azimutal): ortográfica, estereográfica, Lambert de igual área;
C - Cónica: Lambert conformal cónica, Albert cónica de igual área;
D - Elíptica: Sinusoidal, Mollweide, Denayer.

El sistema UTM

El sistema UTM es muy común porque no es una proyección sino un sistema de coordenadas kilométricas. Es derivado del sistema Transversal de Mercator. En una zona que va del 84° Norte al 80° Sur, se establece una matriz de 6° de longitud que corresponde a 180km de ambos lados del meridiano central. Cada zona se caracteriza por una letra y un número.

Es conforma, es decir, respecta las formas y las distancias, y muestra una buena disposición a respectar la superficie en áreas pequeñas.

Bolivia se encuentra en 3 zonas UTM, según la referencia al geoide:

- Provisional South American 1956
  - UTM Zona 19S
  - UTM Zona 20S
- South American 1969
  - UTM Zona 19S
  - UTM Zona 20S
  - UTM Zona 21S
- WGS72
  - UTM Zona 19S
  - UTM Zona 20S
  - UTM Zona 21S
- WGS84
  - UTM Zona 19S
  - UTM Zona 20S
  - UTM Zona 21S

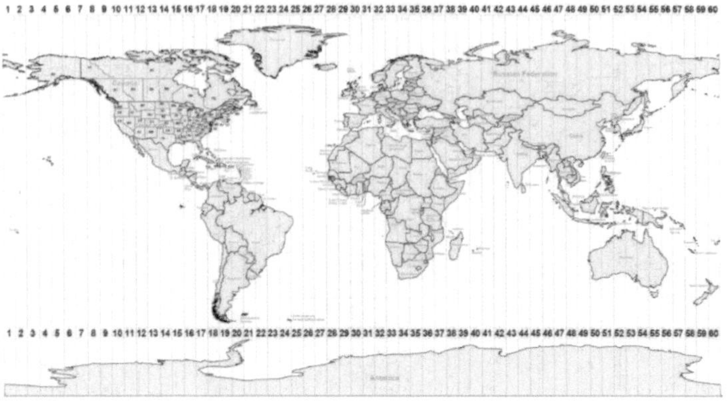

Figura 46. L*a matriz UTM del Mundo*

La significación de WGS 1984

La tierra no es perfectamente un globo sino un elipsoide muy deformado. Varios geógrafos e Institutos han intentado determinar el valor del eje de la Tierra, y la fórmula del elipsoide de manera a realizar las proyecciones más precisas posibles.

El valor de elipsoide más común es el WGS1984, cual medio eje mayor tiene 6378137.00 m y el medio eje menor 6356752.31 m

Se necesita especificar este parámetro para poder realizar proyecciones y cálculos. La mayoría de los programas de cartografía gestionan estos tipos de parámetros.

3.5 - Generalización y agregación

El proceso de generalización consiste en eliminar detalles de los trazados de manera a permitir una mejor lectura. En la figura 47, la reducción de 50% de la escala llega a una entidad no legible, porque las líneas tienen demasiados detalles. La mayoría de los programas de cartografía integran automáticamente este proceso, pero es importante controlarlo para evitar mapas demasiado densos.

El proceso de agregación propone una reducción de la información para ser más legible en caso de reducción de la escala. En la figura 47, se agrega en un primer tiempo los valores de los puntos en cada una de las unidades espaciales; después se agrega las cuatro unidades espaciales. Este proceso es muy común en cartografía estadística, cuando se pasa de un mapa por municipio a un mapa por departamento, o a la escala de un continente, a un mapa por país.

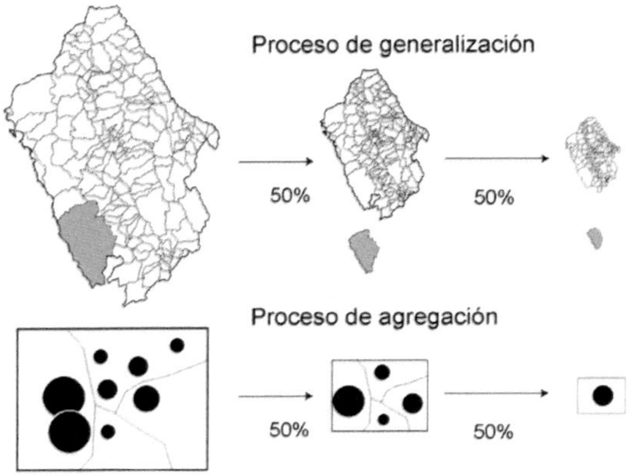

Figura 47. Los procesos de generalización y de agregación

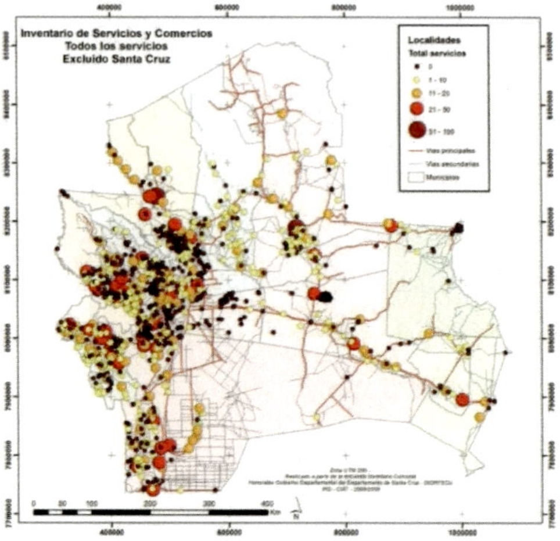

Estos dos mapas son equivalentes a nivel de la información y del mensaje que quieren hacer pasar: ¿Dónde se encuentran los servicios básicos dentro del departamento?

Sin embargo, no dan la misma estructura.

El mapa de arriba muestra el número de servicios disponibles en cada comunidad (OTB). Aquí se puede evidenciar algunos conglomeres de servicios y muchos vacíos en el espacio, que muestran la conformación de pequeñas regiones de abastecimiento. También se puede evidenciar la disposición de los servicios alrededor de las carreteras.

En el mapa de abajo, no sirve poner la red de carreteras porque la ubicación de los puntos es aproximativa, en el centro de cada municipio; es una ubicación cualquiera. Este mapa muestra la repartición de los servicios dentro del departamento, y evidencia municipios con muchos o con pocos servicios.

El mensaje es el mismo pero la interpretación que se puede realizar es muy diferente. Entre los dos mapas, hubo un proceso de agregación de datos que modifica (siempre) la naturaleza del dato, y la interpretación que se puede hacer. ¡Hay que recordar que la agregación modifica el sentido del dato!

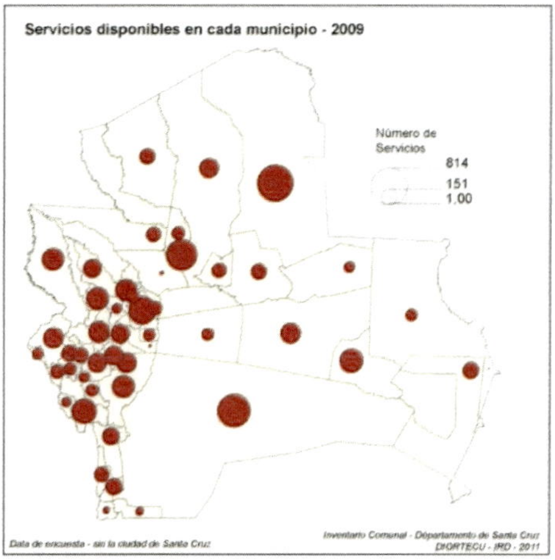

Figura 48. Proceso de agregación de datos. Arriba, datos por comunidad; abajo datos por municipio.

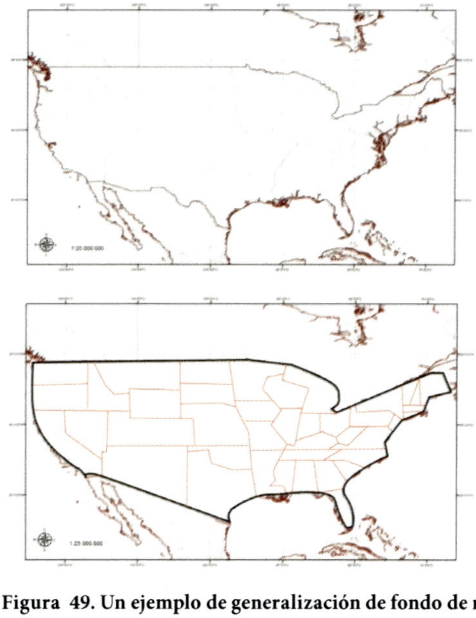

Figure Figura 49. Un ejemplo de generalización de fondo de mapa.

El mapa de abajo es suficiente para realizar esquemas a mano. Hasta el fondo es georreferenciado y puede soportar información cuantitativa. El fondo de mapa de arriba es interesante cuando se trata de reportar información georreferenciada fina (localización de estaciones, red de muestra de un criterio, camino preciso de un proceso, etc.) o cuando se necesita realizar zoom o mapas a gran escala.

La de abajo permite hacer mapas estadísticos por estado, o esquemas dibujando a mano. Es menos pesado en tamaño de archivo digital y más legible y fácil de manipular.

Claudio Ptolemeo, astrónomo y geógrafo.
Ptolemeo observa las estrellas, mientras tanto un geógrafo medieval reporta latitudes sobre un globo terrestre.
Siglo XV. Manuscrito Biblioteca Nacional, Paris

Capítulo 4

La construcción del mapa

1 - Hemos analizado el tipo de información que tenemos

2 - Hemos analizados el tipo de simbología que se puede utilizar

3 - Hemos delimitado el espacio de representación y sus limitantes

4 - Ahora es tiempo de definir los objetos incluidos en el mapa.

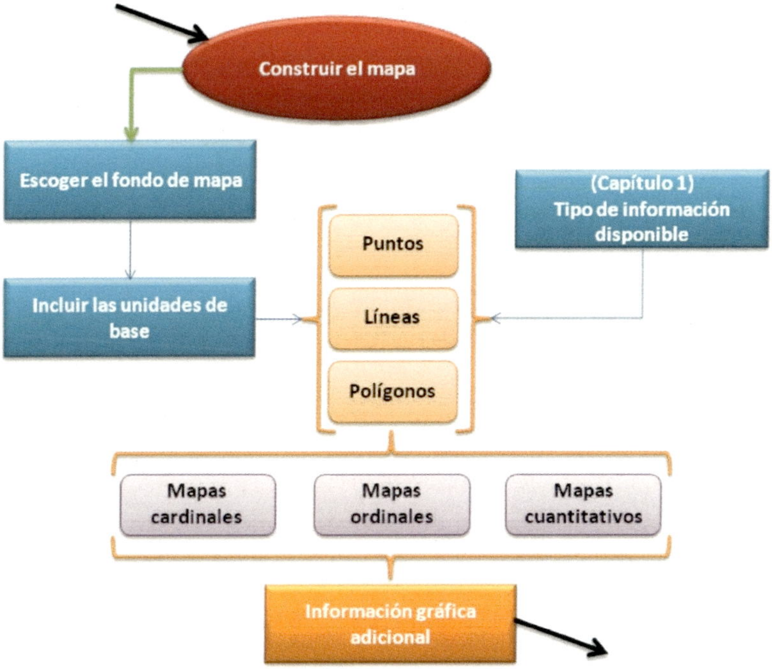

Dentro de un mapa, la información cartográfica se divide en cuatro elementos:

- El fondo de mapa constituido por los elementos básicos de referencia: delimitación administrativa, contorno de un país, de una región, curvas de nivel, fotografía aérea o imagen satélite, etc. El fondo sirve de base para entender el espacio que estamos estudiando, base sobre la cual se va a dibujar elementos del mensaje cartográfico que queremos mostrar.
- La información que contiene el mensaje que queremos difundir. Esta información depende del tipo de datos que tenemos como lo hemos visto en el capítulo 1. Se organiza según reglas de semiología como visto en el capítulo 2, y también sobre reglas de construcción como lo veremos en el párrafo 4.2.
- La información dicha de "revestimiento", que es factual, facultativa, sin embargo, útil, y no entra directamente en los procesos de elaboración del mapa. Veremos este elemento en el capítulo 5.
- Todos los elementos que permiten dar sentido y legibilidad a la información cartográfica como son la leyenda, la escala, los títulos, etc., que veremos también en el capítulo 5.

4.1 - Escoger el fondo de mapa

El fondo de mapa es la base del mensaje gráfico: ¿Cuál es el espacio que estoy tomando en cuenta? ¿Cómo puedo ubicar mi mensaje en el espacio?

Debe ser legible y fácil de reconocer, pero no debe tampoco tener demasiada información para que justamente, sea legible.

El fondo de mapa se ajusta en la ventana de representación (ver párrafo 3.1) y debe ocupar lo máximo del espacio de esta ventana.

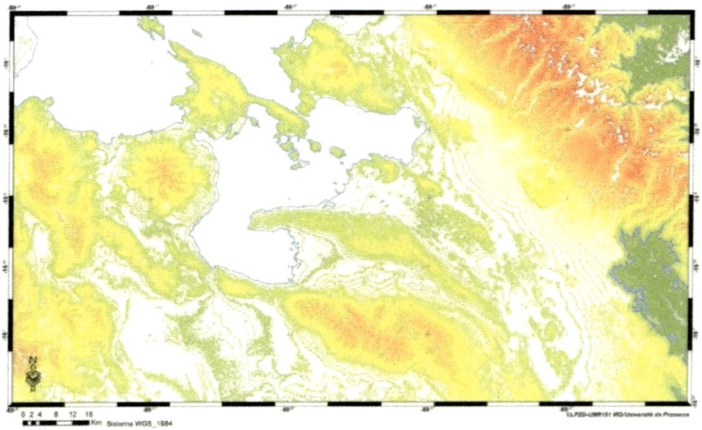

Figura 50. Un fondo de mapa constituido por las curvas de nivel alrededor de la parte Sur del lago Titicaca de Bolivia. Este fondo es neutro - permite añadir mucha información - se puede transparentarlo para disminuir su intensidad - es legible porque se ve muy bien el relieve - ocupa todo el espacio de la ventana considerada.

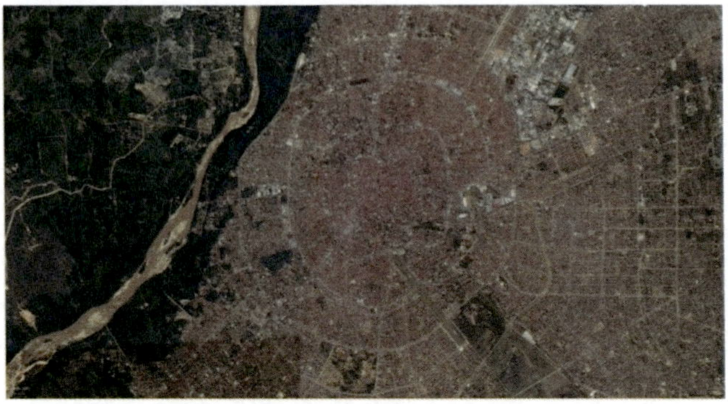

Figura 51. Una imagen Google Earth pro tiene las mismas características que el relieve. Es legible, reconocible - se puede transparentar - se puede añadir todo tipo de información - ocupa todo el espacio de la ventana.

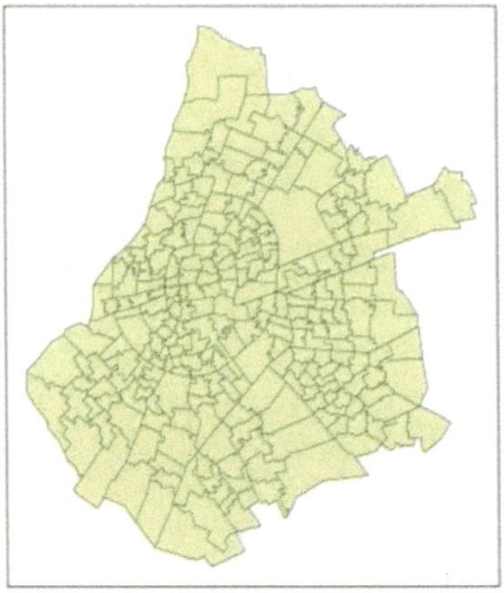

Figura 52. las zonas censales de Santa Cruz pueden servir de base para la realización de mapas estadísticos. Es un fondo de mapa muy sencillo en el cual, en general, se necesite poner elementos adicionales para poder ubicar las calles o los lugares principales de la ciudad.

Figura 53. Sobre posición de la imagen de la figura 51 con 52.

Cuando la información es correctamente georeferenciada, se puede combinar los fondos. Aquí hemos sobrepuesto la imagen de Santa Cruz con las zonas censales. La gráfica constituye ya un mapa como tal, o un fondo de mapa según el uso que se le quiere dar.

4.2 - La información procedente de investigación

4.2.1 - Definición de la unidad geográfica de base

Una unidad geográfica de base es el objeto gráfico elemental de un mapa. Se combina al fondo de mapa para entregar el mensaje, pero no siempre hace parte de este fondo de mapa, se puede sobreponer a él. Tiene una de las tres formas simbólicas ya descritas en el capítulo dos (2.2.1 - Los tres elementos de base): el punto, la línea, el polígono. La unidad está definida por su localización, su grado de precisión y su nivel de agrupación.

Cada unidad geográfica de base, además de su información gráfica y geográfica, está vinculada con datos, cualitativos y cuantitativos que la describen.

Elemento de base	Coordenada Localización	Precisión	Nivel de Agrupación	Ejemplos	
Punto	X,Y	dX,dY	Individuos	Una casa	Una persona
			Entidades	Una casa	La plaza del pueblo
			Agrupaciones	Una ciudad	El centro de la comunidad
Línea	X0, Y0 hacia X1, Y1	dX, dY	Limite	Límite administrativo	Curva de altura
			Eje	Carretera	Línea de cresta
	X0, Y0 ángulo, longitud		Rumbo	Dirección	Enlace
			Flujos	Número de vehículos	Migración
Polígono	X0, Y0 a Xn, Yn	Nivel de generalización	Zona imprecisa	Formación forestal	Zona indígena
			Individuos	Municipio	País
			Dominio	Propiedad catastral	Zona de influencia

Tabla 5. Definición de la unidad geográfica de base

- La coordenada es una posición, se determina por su valor X y Y o por una serie de valores en caso de las líneas y polígonos. Estas coordenadas pueden ser georeferenciadas (capítulo 3.3) o solamente ser más o menos posicionadas en una hoja de papel.

La precisión está ligada a este grado de georeferenciación. En general, los mapas a gran escala necesitan mucha precisión mientras mapas a muy pequeña escala (mapa del mundo o de un continente) no lo necesitan siempre.

- El nivel de agrupación corresponde al nivel de agregación del dato (ver 3.5). Un punto, por ejemplo, puede representar la posición de un individuo en el espacio (una persona o una casa, por ejemplo), pero puede representar también una población (pueblo, ciudad o familia). De la misma manera, el polígono puede representar una parcela o un país, lo cual es una agrupación de parcelas, etc. El conocimiento de este nivel es fundamental para la interpretación del mapa (ver capítulo 6).

Para recordar

Tenemos tres elementos básicos que se trata de escoger en función de los datos disponibles, y que tenemos que ubicar dentro de un fondo de mapa.

La interpretación del mapa se realizará en función de la precisión de la localización, de la precisión del dato y de su nivel de agregación

4.2.2 - El uso de cada unidad para la cartografía

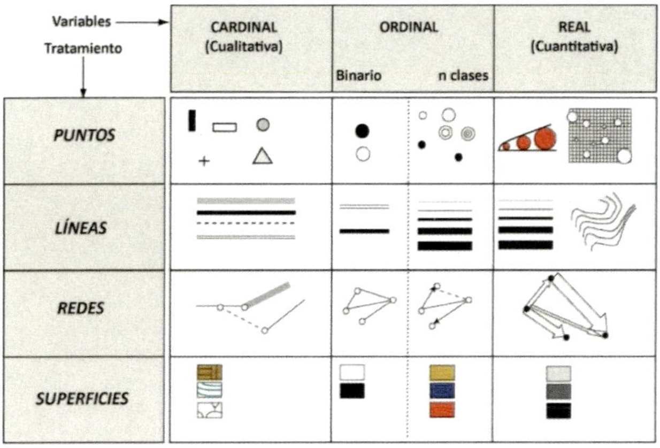

Tabla 6. Posibilidades de uso de las unidades básicas según el tipo de datos.

Este cuadro es el complemento del cuadro presentado en el capítulo 1.3. Muestra las diferentes posibilidades de uso de las unidades básicas según el tipo de información accesible para el investigador: cardinal (cualitativo), ordinal o cuantitativo.

El dato cardinal, como lo hemos visto en el capítulo 1.3 permite solamente la diferenciación entre varias modalidades del dato. **Los puntos estarán diferentes, pero no se podrá tener un criterio de orden ni de proporcionalidad** (ver capítulo 2.2.2). El mapa permitirá solamente reconocer los elementos idénticos, y analizar los agrupamientos, la dispersión o la concentración y la existencia de una cierta estructura espacial en la disposición de esos elementos.

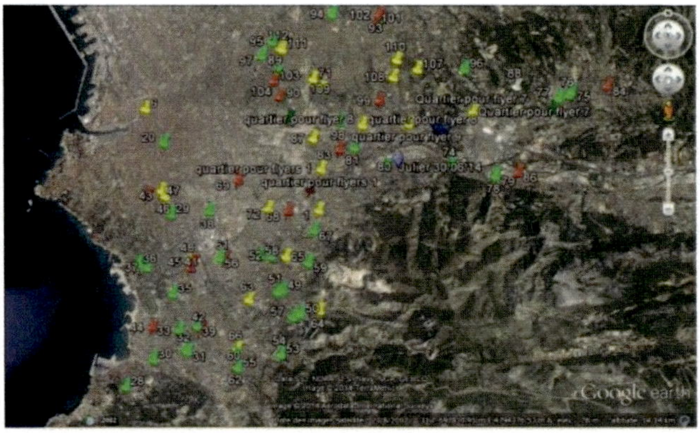

Figura 54. Google earth utilizado como mapa base para definir muestras de encuestas en Marsella - Fuente: IRD-AMU - Prolitensan (2013 - 2015)

El dato cardinal se puede aplicar también a líneas o polígonos.

En caso de líneas, podremos tener líneas de formas o colores diferentes, pero sin que haya una jerarquía. Este caso es poco frecuente, porque el uso de las líneas (fronteras, ríos, carreteras, redes, etc.) introducen siempre una noción de jerarquía (frontera departamental - nacional, arroyo - río, pista - autopista).

En caso de polígonos, solamente las áreas con mismo color pueden ser comparables. La distribución visual de las áreas de color permitirá analizar si existe una estructuración espacial particular. Si las superficies son de tamaño muy diferente, este tipo de mapa es muy poco eficiente porque la distribución de los colores es percibida por el ojo humana favoreciendo las superficies más grandes. Por fin, si existen demasiadas categorías con colores diferentes, no se podrá estimar la estructuración espacial. Tendremos entonces un mapa de tipo “mapa para leer” (ver capítulo 1.5).

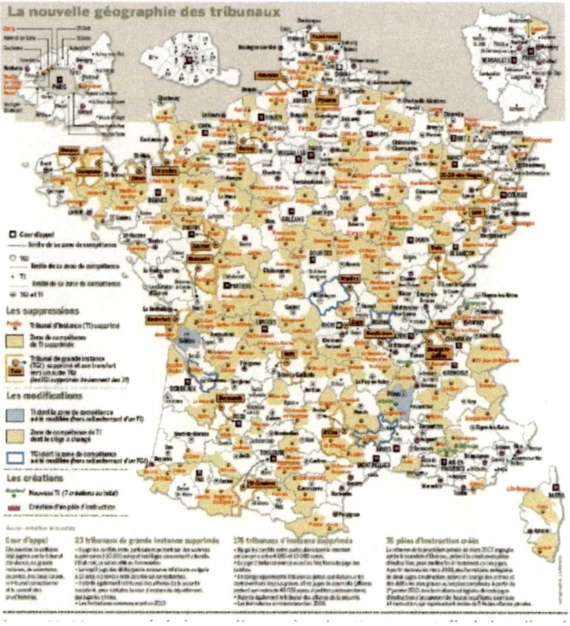

Figura 55. Mapa con símbolos y polígonos de color: Nueva geografía de los tribunales en Francia - Fuente: Le Monde, artículo del 22 de noviembre 2007

En este mapa, típicamente *un mapa para leer*, se compila mucha información de misma naturaleza, pero sin que haya realmente la construcción de un mensaje particular. ¿Qué se quiere demostrar?

Para entender este mapa, tenemos que desmenuzar la leyenda, y después buscar en el mapa los elementos que corresponden. Es imposible tener una visión global de un fenómeno, y hay tantos elementos en el mapa que se vuelve muy poco legible. Es un mapa que utiliza punto y polígonos, que permite tener una información sobre lo que pasa en una zona particular pero que no permite entender esta nueva geografía, como lo pretende el título.

Figura 56. Mapa en áreas: proyectos de colonización del Estado en 1905 - Fuente: Ministerio de colonización Bolivia 1905

Este mapa no necesita leyenda, es un mapa con superficies que enseña sobre la extensión territorial de un fenómeno que importa solamente por su ubicación y su extensión.

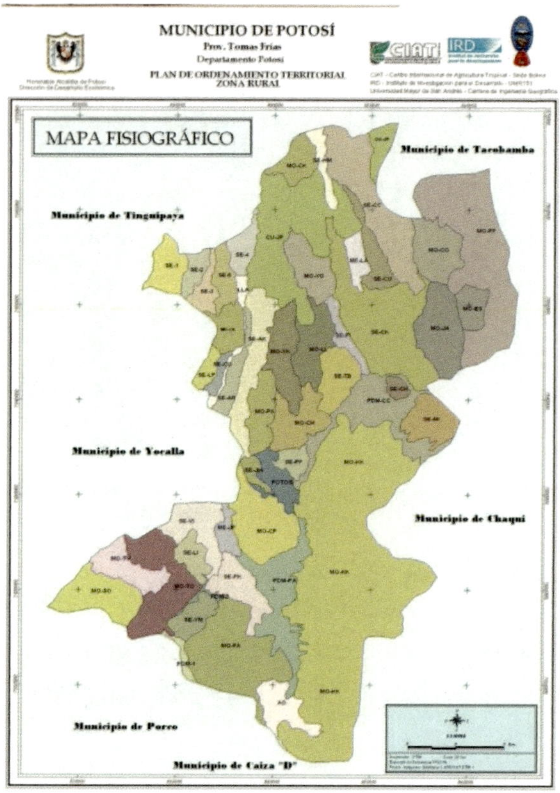

Figura 57. Mapa de las unidades fisiográficas del municipio de Potosí.

Las diferentes unidades no se pueden jerarquizar. Es la comparación entre unidades de mismo color que permite interpretar el mapa. En este tipo de mapa se encuentra los usos de la tierra, la vegetación, los tipos de actiades, etc.

La leyenda es muy compleja y se describe en hojas separadas, con texto explicativo.

El dato ordinal, como lo hemos visto en el capítulo 1.3 permite la diferenciación entre varias modalidades del dato, y también un cierto grado de ordenación o jerarquía entre elementos, pero no permite la proporcionalidad.

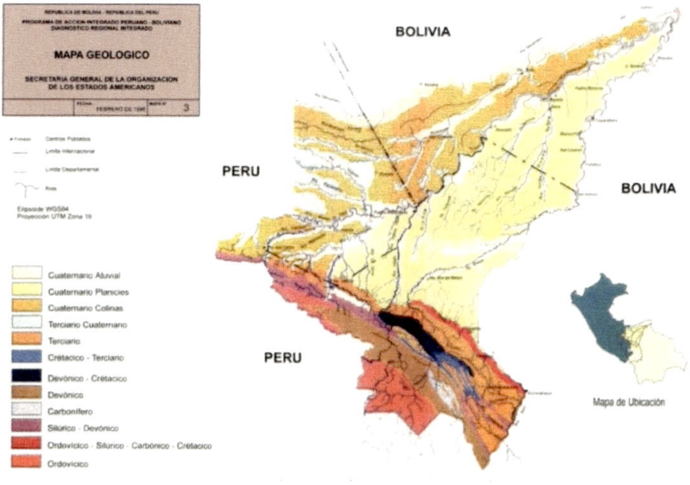

Figura 58. El mapa geológico está construido con datos ordinales.

Cada uno tiene su particularidad, pero existe una ordenación desde la era paleozoica (ordovícico) hacia lo cuaternario. Este mapa hubiera podido ser mejorado con la aplicación de una gama de colores que mostraría esta progresión en el tiempo: empezando con rojo fuerte, desde poniendo naranjas para devónico (dejando el carbonífero en gris), violeta - azul para terciario, y terminando con verde para cuaternario. Sin embargo, muchas veces existen nomenclaturas estándar que imponen el uso de algunos colores.

Los mapas con líneas son muy adaptados con datos ordinales. Un mapa de carreteras, por ejemplo, muy pocas veces necesita una representación proporcional, sino una simple ordenación de la categoría de vía. Lo mismo para los ríos que pueden tener una nomenclatura en función de su importancia, pero rara vez serán representados en función del tamaño real.

Figura 59. Mapa en polígonos: Las provincias y departamentos de Argentina - Fuente: Instituto Geográfico Nacional, 2020.

Este mapa con polígonos muestra la jerarquía de los niveles administrativos. De la misma manera, los polígonos son función de un orden, no dan un valor cuantitativo real.

Es con datos reales, cuantitativos que se podrá tener la diversidad más grande de representación cartográfica, y las combinaciones más complejas entre las diferentes unidades de base.

- Con los puntos y valores cuantitativos, se puede construir tres tipos de mapas:
  - semillero de puntos con densidad proporcional a la cantidad de la variable
  - Símbolos proporcionales al valor de la variable (hay que recordar que es la superficie del símbolo que debe ser proporcional y no el tamaño - diámetro o largo.
  - Símbolos proporcionales con un color: en este caso dos valores son atribuidos al mismo punto (por ejemplo, la población en tamaño proporcional y el crecimiento de la población en colores)
- Con las líneas y valores cuantitativos, se puede construir tres tipos de mapas:
  - el grosor de la línea es proporcional al valor (proporcionalidad)
  - el grosor es siempre lo mismo, pero puede ser los colores o una indicación textual que muestra la diferencia (curvas de nivel)
  - el grosor se puede asociar con un color, representando dos valores diferentes (el flujo con el tamaño, el porcentaje de algo en color)
- Con los polígonos y valores cuantitativos, se puede construir solamente un tipo de mapa de mapas:
  - cada polígono tiene un relleno (textura, color) que representa un nivel de valor. Este tipo de mapa se llama mapa coroplético.

**Una regla necesaria para una mejor visualización:
Cuando la variable es absoluta (valor bruto de tipo población, ver capítulo 1.3), se usa la representación con símbolos
Cuando la variable es relativa (tipo porcentaje), se usa la representación coroplética.**

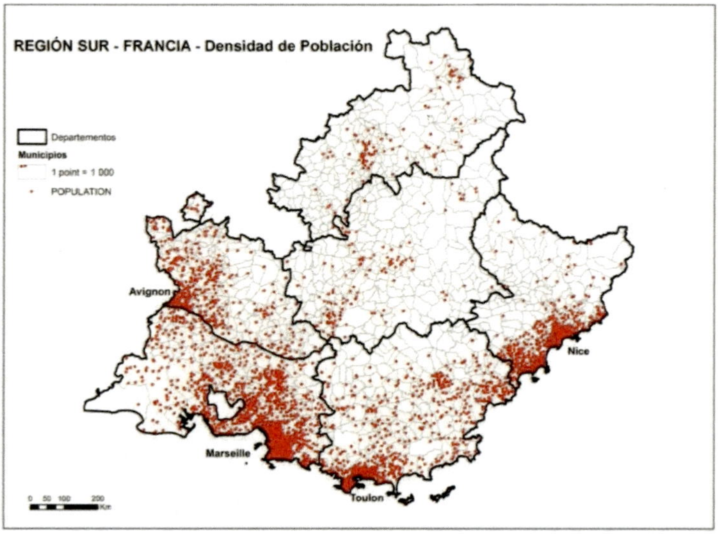

Figura 60. Mapa con densidad de puntos (Fuente: INSEE Francia).

El mapa más sencillo es el que se hace con densidad de puntos distribuidos aleatoriamente. Cada punto representa un número de habitantes o cualquier cantidad de objetos, y su distribución permite un sentido de densidad del fenómeno estudiado. En este mapa de la figura 60, se ve muy bien los 4 polos de alta densidad, mientras se puede apreciar las zonas vacías dónde los municipios ni tienen 1000 habitantes.

Cuando los puntos son fijos y representan unidades geográficas de base (ciudades, pueblos, etc.), el mapa posible es el de proporciones. Se introduce el sentido de jerarquía y relaciones de proporcionalidad entre figuras dispuestas en los lugares que tienen datos y las cifras reales correspondientes.

El ejemplo (mapa 61) muestra tres maneras de utilizar mapas de proporción, solos o combinados.

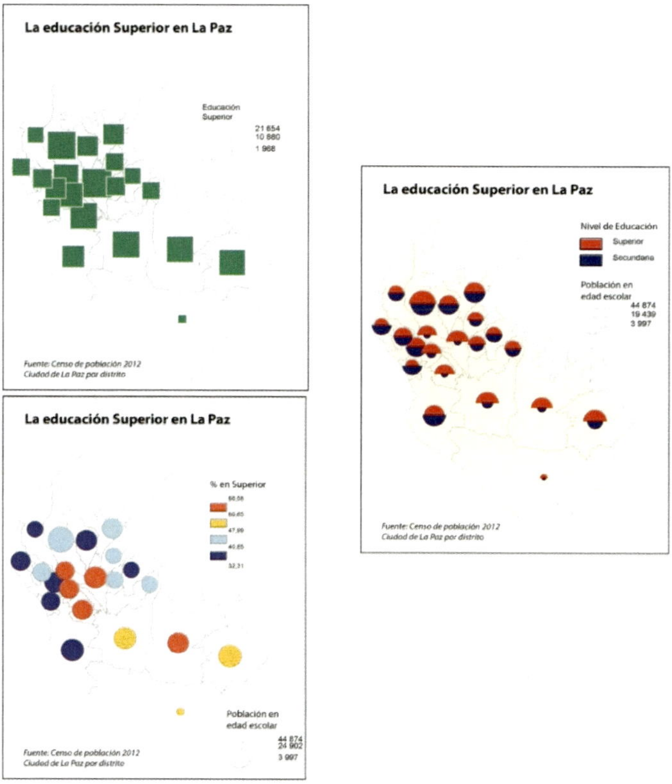

Figura 61. Mapas de proporciones - 1) Proporción una variable 2) Proporción dos variables 3) Proporción y gamas de colores - Fuente: Censo de Población 2012, INE - Bolivia

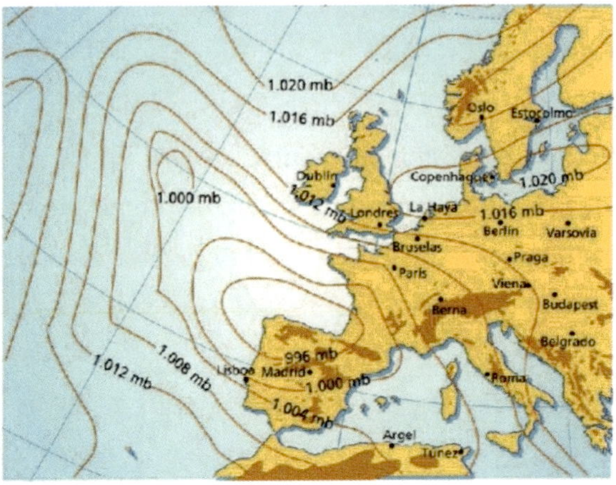

Figura 62. Mapa con líneas y valores cuantitativos que muestra la distribución de la presión atmosférica en isobaras.

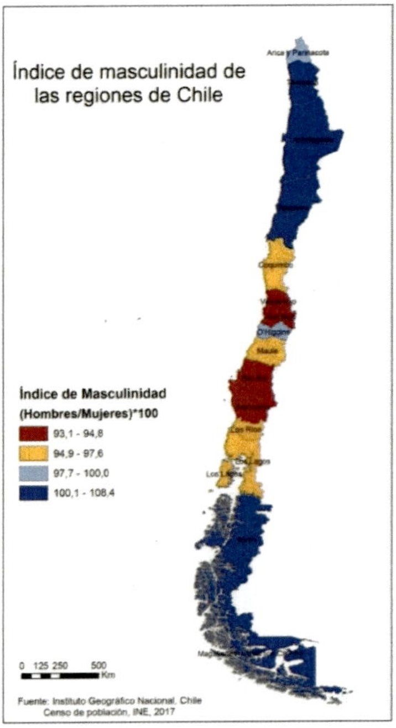

Figura 63. Mapa coropléticos en gamas de colores (Fuente: IGN, INE, Chile).

Siempre que necesitamos procesar datos cuantitativos para tener indicadores relativos (porcentaje, proporción, índices, etc.) el método cartográfico disponible en exclusividad es el mapa coroplético. La intensidad diferencial de un color da sentido de jerarquía que usamos para mapear la intensidad del fenómeno estudiado. Eso pasa por el proceso de discretización de la variable.

En este mapa, se puede evidencia la fuerte estructuración del espacio chileno en relación a la distribución de género. Espacios de colonización y agricultura en el Norte y Sur, dónde hay más hombres, confirmado por la región rural de O'Higgins, al Sur de Santiago; espacios más terciarios en el Centro, dónde hay más mujeres.

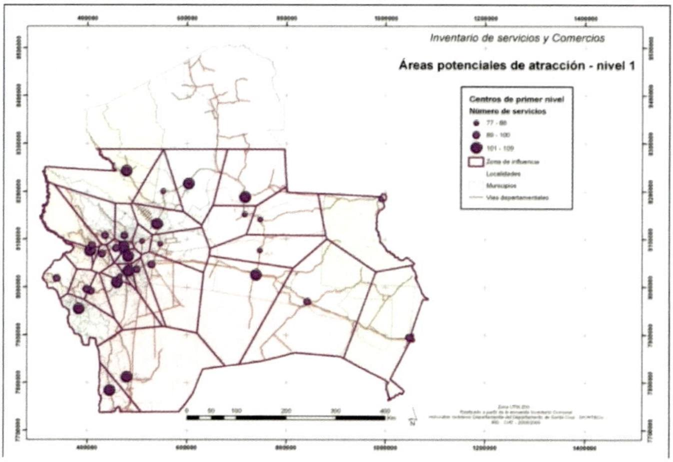

Figura 64. Mapa combinado - Áreas de influencia teórica de las ciudades de Santa Cruz en relación al número de servicios disponibles -
Fuente: DIORTECU - CIAT - IRD.

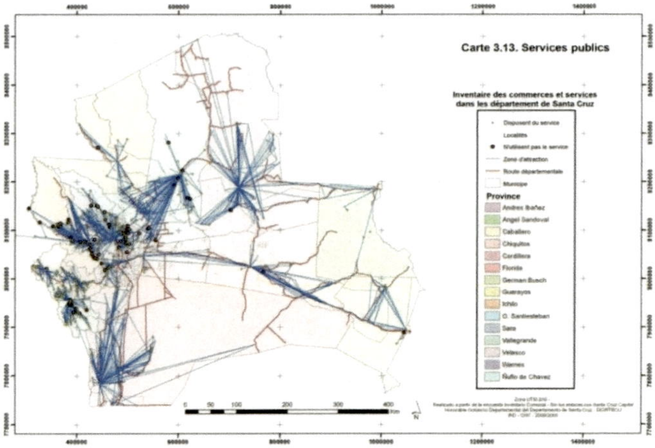

Figura 65 - Mapa de flujos y redes - Atracción de los servicios públicos en el Departamento de Santa Cruz - Fuente: DIORTECU - CIAT – IRD.

La cartografía lineal es igual que la cartografía de puntos y la cartografía áreal. Se puede procesar teóricamente mapas de proporción, coropléticos o combinados. En realidad, problemas de legibilidad restringen su uso. Sin embargo, la cartografía de flujos y redes de cuenta de dinámicas y organización territoriales que apreciamos a través de mapas siguientes. El mapa 65, en base al inventario comunal de 2008 en Santa Cruz, muestra a dónde va la gente de las comunidades para buscar servicios públicos. El mapa dibuja un territorio con partes bien polarizadas y otras mal polarizadas.

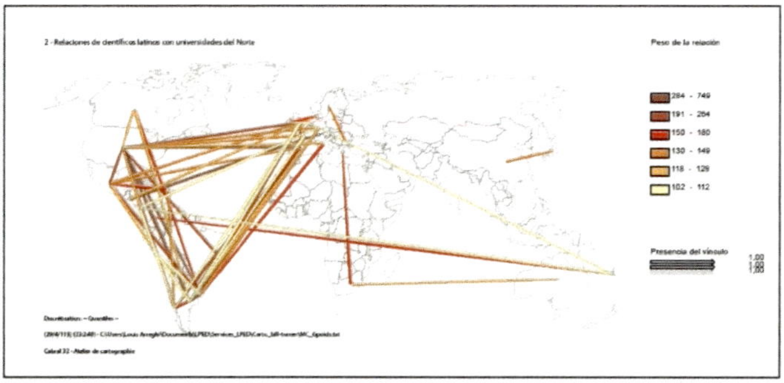

Figura 66. Vínculos de científicos latinos con universidades del Norte - Fuente: Proyecto CIDESAL - Diásporas de saberes en América Latina

4.3 - Algunos métodos específicos al tratamiento cuantitativo

En esta sección veremos cómo construir los símbolos en función de los valores cuantitativos que tenemos.

Siempre hay que recordarse estas dos reglas incompatibles entre ellas:

- Cuando se trata de un valor cuantitativo absoluto (población, cantidad de basura, PIB, etc.) se utiliza un símbolo de superficie proporcional.
- Cuando se trata de un valor relativo cuantitativo (% de crecimiento, kg de basura por habitante, PIB/Hab., etc.) se utiliza elementos de segregación dentro de zonas (color, tramas, puntos, etc.).
- Por supuesto, se puede combinar los dos: una variable absoluta en símbolo proporcional, y dentro del símbolo un color (por ejemplo) que representa una variable cualitativa.

4.3.1 - El tratamiento de los símbolos

Se pueden utilizar símbolos muy variados: círculo, cuadrado, rectángulo, histograma, y cualquier símbolo como una casa, un hospital, una cruz, etc.

Siempre la representación se realiza por superficie proporcional (y no por tamaño proporcional).

¿Por qué en superficie? Porque el ojo humano percibe mejor la proporción en base a superficie que en base a tamaño.

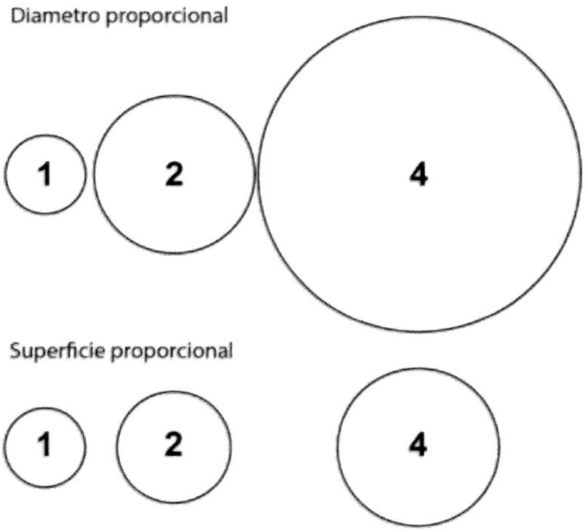

Figura 67. Modo de proporcionalidad de los símbolos: por tamaño y por superficie.

El ojo mide más fácilmente la proporcionalidad con la superficie. El símbolo de diámetro 4 veces más grande, parece a lo contrario 10 veces más grande.

Modo de cálculo del diámetro de los círculos o de cuadrados:

En Excel: =Potencia(((Valor2/Valor1)*Tamaño1);0,5)

Dónde el valor 1 es el valor de referencia (en general el circulo máximo; y tamañol el diámetro de este círculo de referencia.

$$Radio = Radio_{\max} \sqrt{\frac{Valor}{Valor_{\max}}}$$

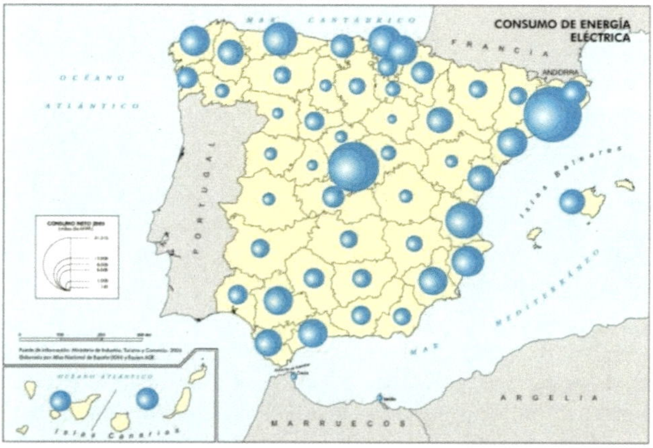

Figura 68. Un ejemplo de mapa con símbolos proporcionales. Fuente: Atlas de España, Mastergeo.es

En la figura 68 se utiliza una ayuda gráfica: utilizando globos con un efecto de luz, el mapa se vuelva más clara en su lectura.

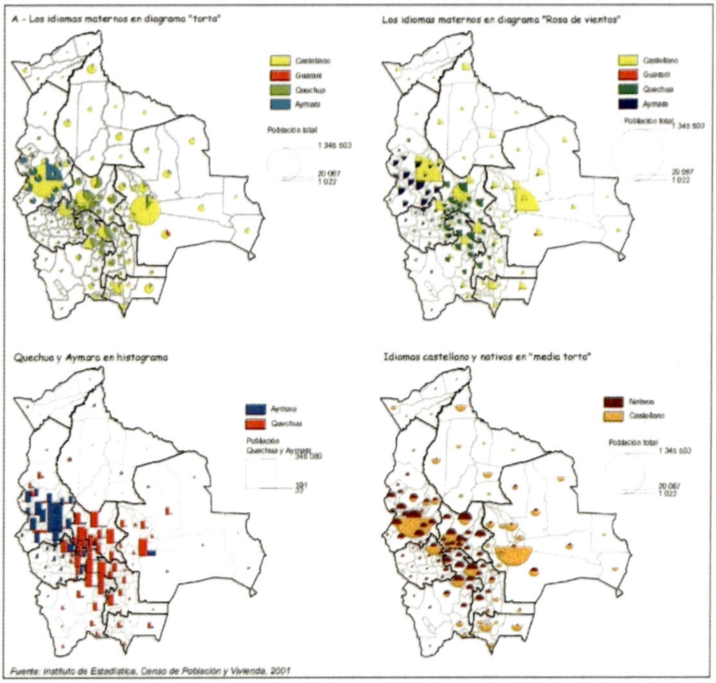

Figura 69. Cartografía en diagramas con más de una variable cuantitativa. Fuente Mazurek, 2006, ***Censo de Población y Vivienda, 2001, INE.***

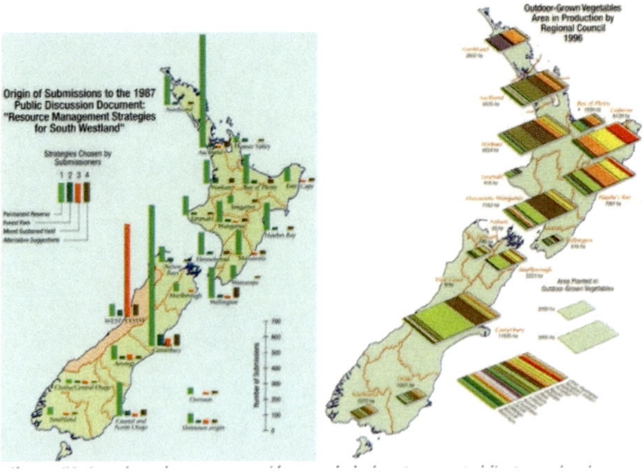

Figura 70. Dos tipos de representación con símbolos. Fuente: Public Cast e-books, New Zealand

Para estos tipos de representación, se necesita tener muy pocos elementos gráficos, sino el mapa se vuelve rápidamente ilegible.

Construcción de la leyenda:

La leyenda debe traducir los valores extremos (mínimo y máximo) y algunos valores intermedios: valores enteras o estadísticas (cuartil, promedio, etc.).

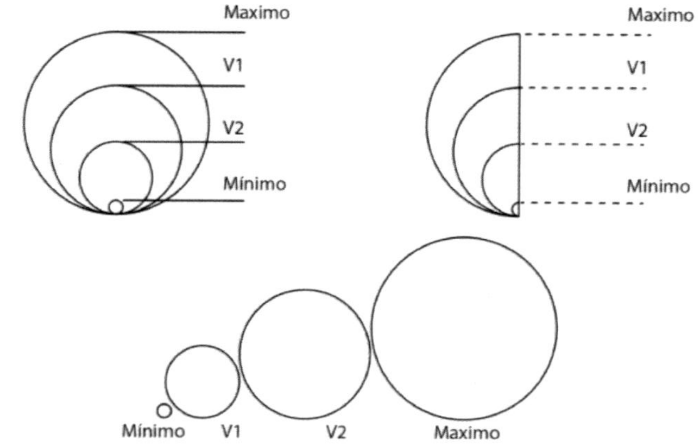

Figura 71. Tres maneras de presentar las leyendas de los símbolos en círculo (funciona también para los cuadrados o histogramas).

4.3.2 - El tratamiento de lo coroplético: la discretización.

Los valores relativos se representan por medio de una gama de valores (texturas, colores); nunca por símbolos proporcionales. El problema de la representación es la ***discretización***, es decir, la manera de cortar los límites de clases. Existe una gran variedad de métodos de discretización que se aplican en un contexto estadístico determinado. El lector puede consultar a dos libros principales (IGAC, 1998;Lahousse & Piedanna, 1998); la mayoría de los programas de cartografía estadística calculan automáticamente las clases según el método de discretización.

La discretización es un proceso necesario e importante: necesario porque permite una lectura adecuada del mapa en función de su visibilidad o de una hipótesis; importante porque determina la interpretación del mapa; el cambio de discretización puede modificar el sentido de un mapa.

Siguiendo los principios de semiología, es mejor escoger un número limitado de clases (entre cuatro y ocho) para permitir una buena diferenciación de las clases.

A continuación, presentamos los métodos más utilizados y las ventajas y desventajas asociadas a ellos:

GRUPO 1: Discretización aritmética

Intervalos iguales

Las amplitudes de intervalos (Ic) son iguales entre ellas y tienen el valor:

I_c = (Valor máximo - Valor mínimo) / Número de clases

Clase 1: Mínimo -> Mínimo+Ic

Clase 2: Mínimo+Ic -> Mínimo+(2×Ic)

Clase i: …

Clase n: Mínimo+((n-1)×Ic) -> Mínimo+(n×Ic) o Máximo

Desventajas: muy sensible a los valores extremos; con una distribución asimétrica o que presenta discontinuidades, algunas clases pueden estar vacías y provocar una concentración en pocas clases.

Ventajas: facilidad de cálculo y de interpretación; muy útil cuando la variable se extiende de cero a 100 o según valores extremos conocidos.

Conclusión: utilizar cuando están seguros que los valores extremos (mínimo y máximo) no son valores excepcionales.

Progresión aritmética

Cada clase se calcula conforme a una progresión aritmética de parámetro A:

A = (Valor máximo - Valor mínimo) / (1+2+3+...+número de clases)

Clase 1: Mínimo -> Mínimo+A

Clase 2: Mínimo+A -> Mínimo+(2×A)

Clase i:... Clase n: Mínimo+((n-1)*A) -> Mínimo+(n×A)

Desventajas: las mismas desventajas que el método precedente, si el mínimo es un valor excepcional.

Ventajas: este método permite mejorar la distribución en los pequeños valores. Es, entonces, muy útil para los datos cuya distribución es muy asimétrica en los pequeños valores.

Progresión geométrica

Cada clase se calcula conforme a una progresión geométrica de parámetro G, con n=número de clases:

$$G = \sqrt[n]{\frac{Maximo}{Minimo}}$$

Clase1: Mínimo -> Mínimo×G

Clase 2: Mínimo×G -> Mínimo×G×2

Clase i:...

Clase n: Mínimo×G× (n-1) -> Mínimo×G×n

Desventajas: las mismas desventajas que el método precedente, porque utilizar mínimo y máximo.

Ventajas: este método propone clases aún más finas en los pequeños valores. Corresponde a la discretización con iguales intervalos aplicada a una serie de valores transformados con la función logarítmica. Esto supone que el mínimo no sea cero.

GRUPO 2: Discretización estadística

Cuantiles

Este método calcula los límites de clase de manera que cada clase tenga el mismo número de observaciones.

Número de observación en cada clase: m = Nt/n

(*Nt*: Número total de observaciones, *n*: número de clases)

La serie de datos está ordenada en orden creciente. Se establecen los límites de clase contando m observaciones y tomando el valor de la m observación.

Si n=4, los limites son los cuartiles y cada clase tiene 25% de las observaciones. Si n=10 son percentiles y cada clase tiene 10% de las observaciones, etc.

Desventajas: es posible que cada clase no tenga exactamente el mismo número de individuos, porque pueden existir varias observaciones con el mismo valor.

Puede ser difícil establecer los límites de clase en el caso de series muy discontinuadas.

También, si existen valores muy particulares a los extremos, los límites de clases serán difíciles de interpretar. En este caso, suele tomarse como clases extremas los percentiles 5 y 95.

Ventajas: este método funciona con cualquier tipo de distribución, que sea normal o no.

Es completamente independiente de los valores y no depende de los valores extremos.

La discretización permite una comparación entre diferentes series, con comparación del orden de las observaciones de la distribución.

Considerando que cada clase tiene el mismo número de individuos, la entropía es máxima. Es decir, la discretización trae el máximo de información y permite la mejor lectura gráfica del mapa.

Los límites de clase son valores reales y no valores calculadas.

Desviación estándar

Este método calcula los límites de clases según una fracción de la desviación estándar. Se supone que la distribución sigue un modelo normal, o que se ha hecho una transformación de los datos de manera que la distribución se acerque a un modelo normal.

Con *m* = media y *s* = desviación estándar, los límites se calculan de la manera siguiente:
3 clases: m-2.5s, m-0.5s, m+0.5s, m+2.5s
4 clases: m-2.5s, m-0.5s, m, m+0.5s, m+2.5s
5 clases: m-3.5, m-1.5, m-0.5, m+0.5, m+1.5, m+3.5
6 clases: m-3.5, m-1.5, m-0.5,m, m+0.5, m+1.5, m+3.5

Desventajas: sin embargo, conciernen únicamente a las distribuciones que siguen la ley normal.

Este método es muy sensible a los valores extremos.

Ventajas: permite la comparación entre variables muy disímiles porque se la hace a partir de variables de origen común (media) y de unidad de medida similar (desviación estándar), a condición de tener una distribución normal.

A veces es necesario subdividir más las clases cerca de la media e incluir en una sola clase los valores extremos que salen del intervalo de confianza.

Medias encajadas

Cada clase se calcula por medio del uso de la media.
Se calcula la media de la distribución y se obtienen dos grupos: Ai, grupo de los valores inferiores a la media; As, grupo de los valores superiores a la media.
En cada grupo se calcula de nuevo la media y se obtienen cuatro grupos: Aii, Ais, Asi, Ass.
Se puede subdividir nuevamente y obtener ocho grupos.

Desventajas: si hay clases con poco número de observaciones, la media no tiene sentido, sobre todo si eso ocurre cerca de los valores extremos. El número de clases no se puede cambiar, siempre será cuatro u ocho.

Ventajas: construye las clases según la diferencia que existe entre las medias aritméticas. Si la distribución no presenta demasiados valores extremos, se acerca a la discretización de los cuantiles. Si la distribución es muy asimétrica, se acerca a la discretización de la progresión geométrica.

Equiprobabilidades

Cada clase se construye á partir de una distribución teórica de los datos según una ley de probabilidad normal basada en p = 1 / número de clases.

Se busca, por medio de una tabla, la función de distribución de la ley normal centrada reducidad (estándarizada), las probabilidades teóricas asociadas a p. Los límites de clase se construyen de esta manera:

Limite= promedio + límite teórico * desviación estándar

Desventajas: como es una distribución teórica, los límites de clase son muy difíciles de interpretar.

Ventajas: Este método da resultados muy similares a los cuantiles. Comparando con el método de desviación estándar, permite ver la diferencia que existe entre el valor real y la distribución del valor normal teórico.

Método de Jenks

S trata de un análisis de varianza: cada clase se construye de manera a minimizar la varianza dentro del grupo (homogeneidad de la clase), y a maximizar la varianza entre los grupos (heterogeneidad entre las clases).

Este método es iterativo, es decir, busca todos los grupos posibles, calcula la varianza intra e inter grupos, y compara cada análisis hasta que encuentra lo óptimo. Puede necesitar entonces tiempo de cálculo muy importante, dependiendo del número de individuos y el número de clases deseadas.

El número de iteración es igual a:

Número de clases (grupos) * (1+2+3+...+número de observaciones)

Desventajas: No hay, es el método ideal porque se asegura una homogeneidad dentro de los grupos y grupos muy diferentes. A menudo, los límites de clase son difíciles de interpretar, y el mapa tiene un aspecto visual poco interpretable.

Ventajas: Se adapta a todo tipo de distribución, normal o no; no está influenciada por los valores extremos; los límites de clase son valores reales. Es el método que da la mejor clasificación, del punto de vista estadística.

Utilización de los métodos

- Verificar que la distribución no presente una fuerte asimetría, valores de mínimo y máximo demasiados particulares o discontinuidades en la distribución. En estos casos es mejor no utilizar los métodos del grupo 1.
- Si la distribución es aproximadamente normal o uniforme, se puede utilizar los intervalos iguales (fáciles de interpretar), los cuantiles (tienen mejor visibilidad), es-

tándar (tienen mejor significado estadístico) y equiprobabilidades (pero difícil interpretar)..

- Si la distribución presenta una fuerte asimetría en los pequeños valores o discontinuidades en los grandes valores, se puede utilizar la progresión aritmética. Si, además de la asimetría, la distribución se acerca a un modelo log-normal, se puede utilizar la progresión geométrica.
- La discretización en cuantiles da la mejor diferenciación gráfica por el efecto que maximiza la entropía. La discretización de Jenks es la mejor del punto de vista estadístico.
- Si se necesita mostrar una oposición, se puede utilizar los métodos estándar o medias encajadas, que dan una oposición entre las unidades superior o inferior a la media. En estos dos casos, se puede utilizar una gama de colores en oposición.

Ejemplo

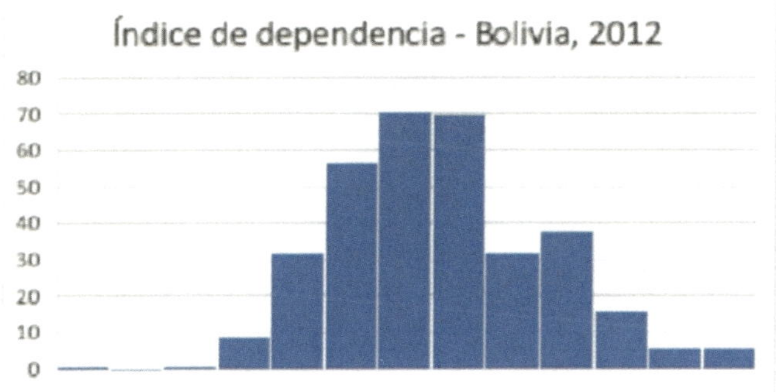

Figura 72. Gráfico de distribución del índice de dependencia en Bolivia (según municipios). Fuente: Censo de población y Vivienda, INE, 2012.

La distribución estadística del índice de dependencia sigue una ley normal con un mínimo que constituye un valor excepcional, es decir, un valor que sale de la distribución teórica.

Los valores estadísticos son los siguientes:

Mínimo: 31,80%; Máximo: 120, 38%

Promedio: 81,20%; Desviación estándar: 13,71%

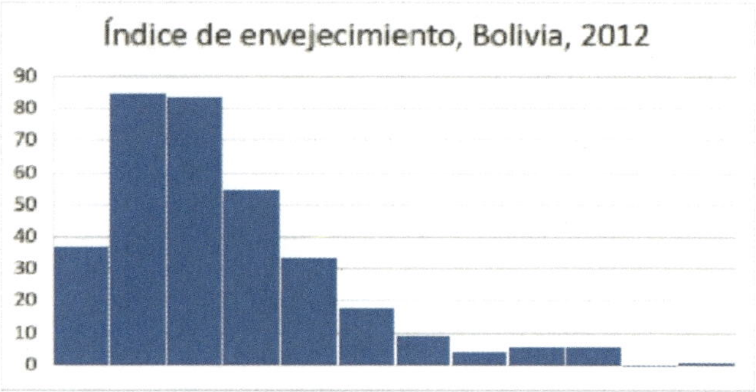

Figura 73. Gráfico de distribución del índice de envejecimiento de Bolivia (según municipios). Fuente: Censo de población y Vivienda, INE, 2012.

La distribución es netamente disimétrica hacia los pequeños valores, con un valor del máximo excepcional.

Los valores estadísticos son los siguientes:

Mínimo: 4,95%; Máximo: 93,24%

Promedio: 27,66%; Desviación estándar: 15,24%

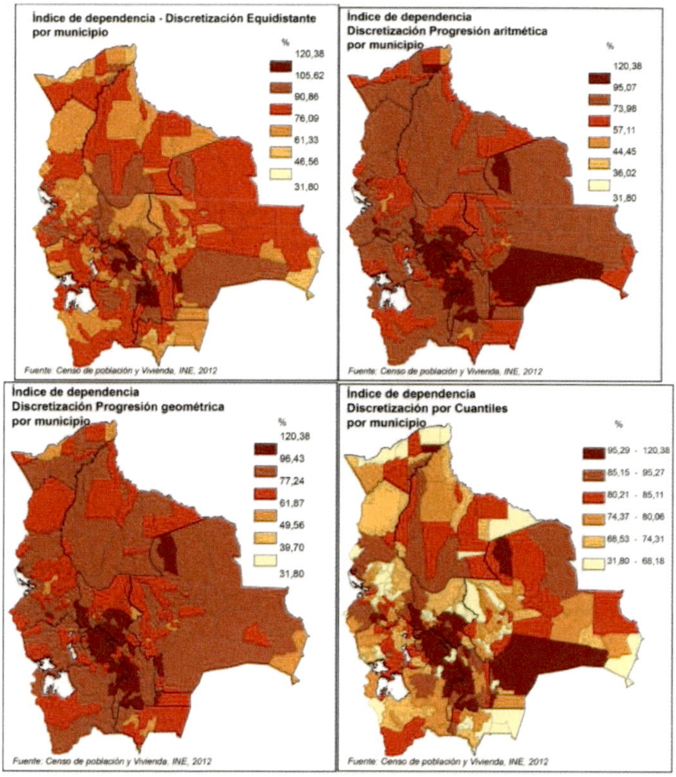
Índice de dependencia - Discretización Equidistante
por municipio
%
120,38
105,62
90,86
76,09
61,33
46,56
31,80
Fuente: Censo de población y Vivienda, INE, 2012
Índice de dependencia
Discretización Progresión aritmética
por municipio
%
120,38
95,07
73,98
57,11
44,45
36,02
31,80
Fuente: Censo de población y Vivienda, INE, 2012
Índice de dependencia
Discretización Progresión geométrica
por municipio
%
120,38
96,43
77,24
61,87
49,56
39,70
31,80
Fuente: Censo de población y Vivienda, INE, 2012
Índice de dependencia
Discretización por Cuantiles
por municipio
%
95,29 - 120,38
85,15 - 95,27
80,21 - 85,11
74,37 - 80,06
68,53 - 74,31
31,80 - 68,18
Fuente: Censo de población y Vivienda, INE, 2012

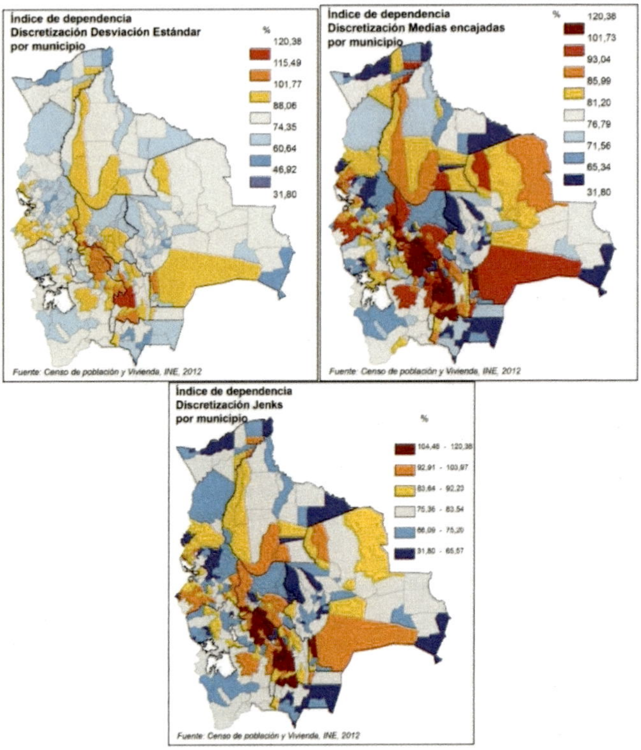

Figura 74. Ejemplo de 7 mapas con discretización diferente, y con distribución normal. Fuente: Realización a partir de INE, 2012. Realizado con Cabral

Los tres primeros mapas no muestran un contraste muy fuerte; casi todos los municipios se encuentran en las tres últimas clases. Eso por el efecto que existen valores excepcionales pequeñas, y que las clases centrales son predominantes.

El mapa en desviación estándar también muestra poco contraste porque todos los municipios se encuentran cerca del promedio. Este mapa es interesante para mostrar las excepciones, es decir, los municipios que tienen poca dependencia o a lo contrario una dependencia fuerte, lo que es el caso de los valles interandinos.

Las mejores representaciones son de cuantiles, medias encajadas y Jenks. Cuantiles y medias encajadas son fácil de interpretar en relación a sus límites de clase. Los límites de cuantiles y Jenks son muy similar, porque la distribución es normal.

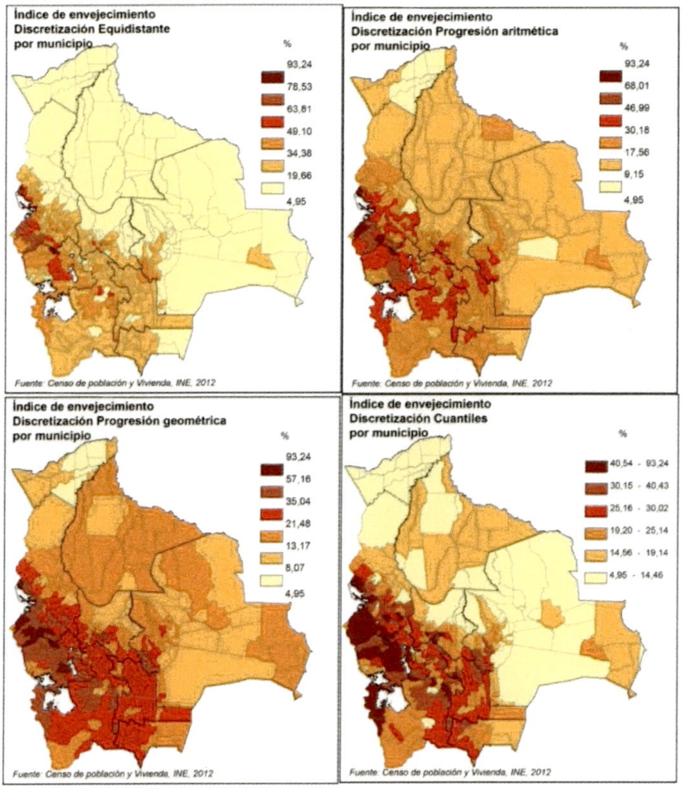

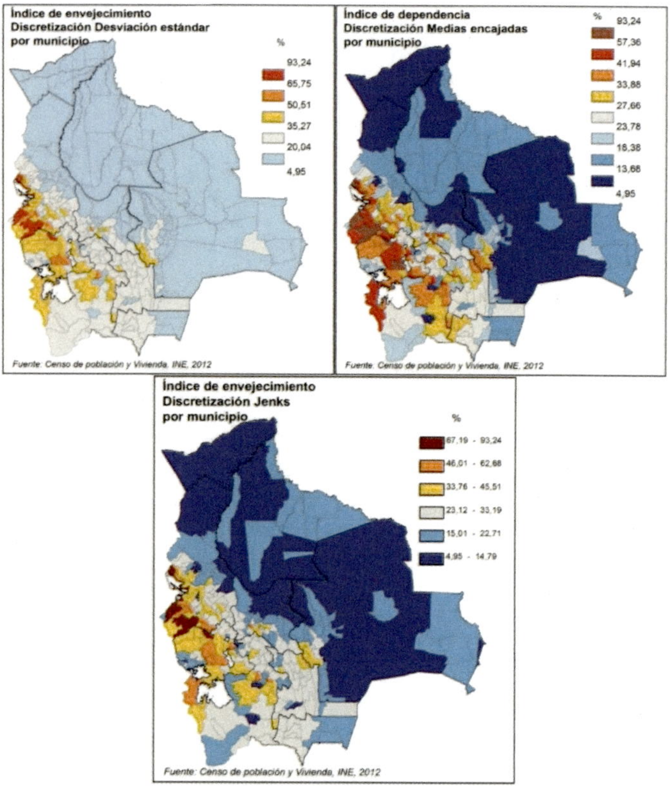

Figura 75. Ejemplo de 7 mapas con discretización diferentes, y distribución asimétrica. Fuente; realización a partir de INE, 2012, Realizado con Cabral.

La representación en equidistante y progresión geométrica es muy interesante porque distingue bien la parte de las tierras bajas del resto del occidente; lo que revela también los métodos estadísticos. Los demás mapas dan más detalles en la parte occidental, y los métodos de desviación estándar, equiprobabilida y Jenks muestran una zona intermediaria (zona en gris del promedio) que divide Bolivia en tres partes: zona joven en el Oriente, zona vieja en el Altiplano, y una zona intermediaria que corresponde a los valles interandinos.

4.4 - La información gráfica adicional

Es a menudo necesario añadir información gráfica encima del fondo de mapa y del mensaje cartográfico para permitir una mejor legibilidad. Por ejemplo, se usa los nombres de los lugares, una carretera o un río que constituye un eje particular, algunas indicaciones de estructuración espacial como fronteras o rupturas, etc. La capa adicional es opcional pero recomendada, si es pertinente relativamente al mensaje principal.

En el mapa 76, realizado con ArcGis, se ha añadido varios componentes. Los dos límites altitudinales de 200 y 4000msnm (esquemáticos) apoyan el mensaje de la división en tres Bolivias.

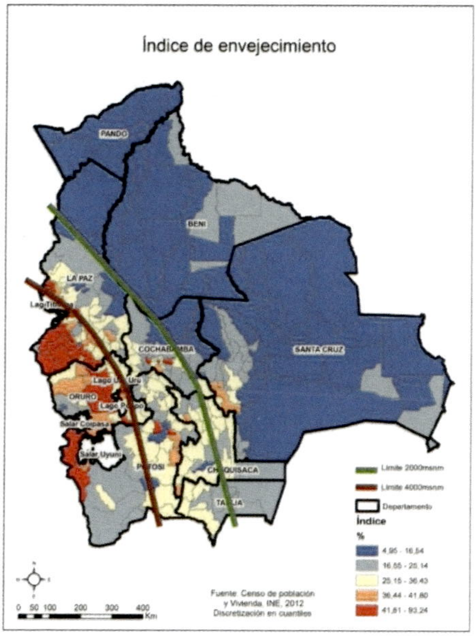

Figura 76. Mapa del índice de envejecimiento con dos límites altitudinal que muestran la separación entre las tres Bolivia.

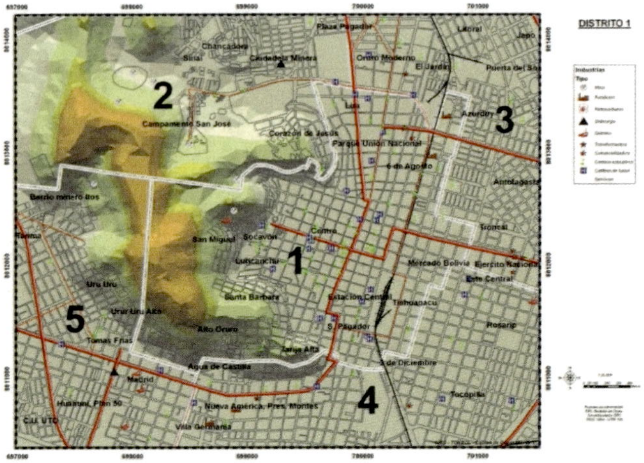

Figura 77. Un mapa del centro de Oruro, Bolivia (proyecto TOXBOL, IRD).

El fondo de mapa está constituido de una representación del relieve mostrando la montaña que se encuentra en pleno centro de la ciudad, la cual es en realidad el sitio minero. Otra capa de información es la delimitación de los manzanos que permite ver la estructuración de lo urbano. También hay varias líneas en blanco (límite administrativo de los distritos), en negro (vía férrea) y en rojo (principales vías de comunicación). La información del mensaje cartográfico es puntual: la ubicación de los principales servicios dentro de la ciudad. Una capa adicional con nombres permite ubicarse perfectamente en el espacio urbano.

Para recordar

- ***El fondo de mapa debe estar en adecuación con los datos disponibles y el mensaje que se quiere hacer pasar;***

- *El tipo de información disponible (valores reales, relativas, flujos, etc.) condiciona el tipo de mapa que se puede construir;*
- *Hay solamente tres tipos de símbolos posibles: punto. Línea, polígono. Por cada símbolo hay reglas de uso y reglas de representación;*
- *En todos los casos, se necesita usar pocos tipos de símbolos a la vez, y no "cargar" demasiado el mapa;*
- *Se puede añadir información gráfica adicional a la condición que este aporte tenga algo que ver con el mensaje del mapa.*

Visión del Mundo de Ptolomeo, según el cartógrafo
Lord Nicolas The German, 1482
©Wikimedia

Capítulo 5

La identificación del mapa y del mensaje

Uds. se han podido dar cuenta que un mapa sin nada no se puede interpretar, se necesita algunos elementos de referencia que permiten identificar el espacio, el mensaje cartográfico, y las diferentes capas de información gráfica.

5.1 - Los elementos de referencia

8 elementos son necesarios para poder identificar e interpretar un mapa, los cuales se pueden agrupar en tres niveles:

1 - Los textos explicativos

1.a - El **título** debe resumir brevemente y con claridad el contenido del mapa.

1.b - La **fecha de elaboración** porque el Mundo no es fijo y los mapas siempre son un *cliché* de una situación territorial dinámica.

1.c - Las **fuentes y sus fechas** para validar y verificar la información, ejemplo con fuentes estadísticas.

1.d - Una **nomenclatura o un texto explicativo** para mapas complejos con muchos nombres, o referencias particulares.

2 - La **leyenda**, verdadero diccionario de los signos empleados. La leyenda debe ser exhaustiva, coherente, organizada y argumentada.

3 - La identificación del sistema geográfico

3.a - Las **coordenadas**, como la orientación, es indicada cuando se trata de territorios mal conocidos, siempre que la escala lo permite.

3.b - La **escala** imprescindible para evaluar las distancias y las dimensiones de los territorios.

3.c - La **orientación**, facultativa cuando es obvia, indispensable cuando el mapa no es orientado al Norte.

- **Reglas:**
- **Los textos son obligatorios (1.a, 1.b y 1.c) sino no hay posibilidad de conocer el contenido y el contexto del mensaje cartográfico.**
- **La leyenda es obligatoria.**
- **La identificación del sistema geográfico es necesaria cuando son mapas en los cuales la georeferenciación es importante; en la mayoría de los mapas estadísticos, se omite estos elementos, aunque el dibujo de la escala da siempre una buena indicación de la extensión del espacio.**

La posición de cada elemento es variable y depende de la composición gráfica. A menudo, se utiliza un "cartucho", es decir, una zona específica dónde se agrupa todos esos elementos (ver mapa 4.xxx por ejemplo).

Aquí están dos disposiciones características de los mapas.

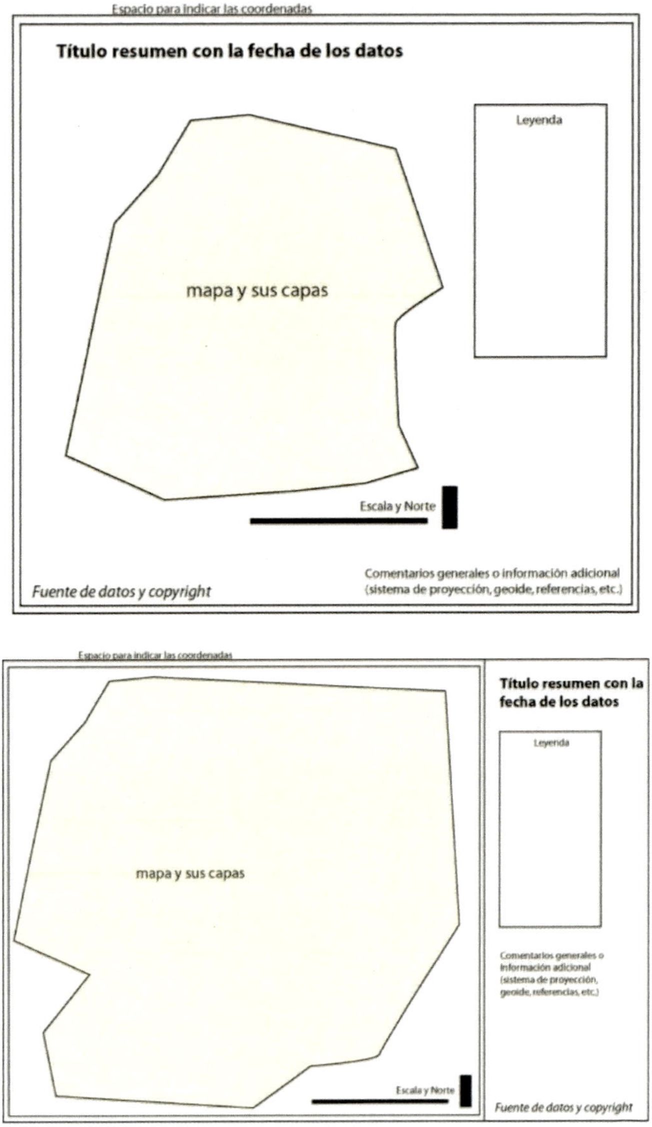

Figura 78. Modelos posibles (hay más) de disposición de los elementos informativos de un mapa

5.2 - Títulos, textos y referencias

El título debe ser indicativo del hecho, fenómeno o proceso que se representa en el mapa. No debe ser muy largo (una línea en general) y debe referir a una temporalidad o un período, si así lo amerita el tema del que se trata el mapa.

Una nota de texto, en general abajo, Indica la referencia bibliográfica, estadística o de Internet de la que procede la información utilizada para la confección del mapa. Se puede hacer una alusión a la ficha completa del artículo, revista, libro o capítulo de libro de donde se obtuvieron los datos o solamente al autor y al año.

También es importante poner el nombre de la persona o de la institución que ha elaborado el mapa así como la fecha. Si se trata de una nueva versión de un mapa ya elaborado, es necesario precisar: “según xxxx”, con la referencia completa.

5.3 - La composición de la leyenda

Es la parte explicativa de lo que se empleó para construir el mensaje del mapa.

Todos los elementos del mapa tienen que tener su descripción en la leyenda:

- los elementos del fondo de mapa utilizado;
- las unidades básicas y la explicación de los símbolos o colores;
- todos los elementos de las capas adicionales.

Hemos visto, en el capítulo 4.3 varias maneras de presentar una leyenda, tanto para los símbolos o las áreas de color.

Para mapa cualitativos, todos los elementos presentes en un mapa deben ser representados; como es el caso del ejemplo siguiente.

En el ejemplo de la página siguiente, la leyenda recupera todos los elementos con una ordenación según la importancia del elemento para el mensaje cartográfico:

1 - los tipos de industria contaminante en Oruro;

2 - Las zonas que contaminan;

3 - Zonas cultivadas (amenazadas)

4 - Canales que contaminan

5 - Elementos adicionales como el dibujo de los manzanos que constituye el fondo de mapa (plantear la zona estudiada), y la capa adicional de los ríos que pueden ser vectores de contaminación.

A partir de esta leyenda, se puede identificar todos los elementos presentes en este mapa. Solamente el relieve no está presenta en la leyenda. En realidad, su comprensión es implícita y no es necesario conocer precisamente el valor de la altura en cada lugar, solamente es necesario ubicar las montañas. Añadir el relieve supondría una leyenda sumamente grande y más pesada. En este caso, esta ausencia se justifica.

Oruro
Mapa General
Zonas potencialmente
Contaminadas
Empresas
Tipo
Mina
Fundicion
Siderurgia
Quimica
Transformadora
Comercializadora
Cemento - Ceramica
Diversa
Zonas contaminantes
Dique - Laguna
Desmonte
Perimetro minero
Mina
Zona Industrial
Zonas cultivadas
Canales
Manzanos
Hidrografia
1:70 000
0 0,5 1 2 Km

5.4 - El sistema de coordenadas, la escala y la orientación

El Canevá es la red de líneas imaginarias que indican la latitud y la longitud del lugar que se representa en el mapa. Éstas pueden ser dibujadas en su totalidad (de norte a sur y de oeste a este del mapa) o solamente incluir unos pequeños cruces (cruces fotogramétricos) para indicar tal circunstancia. Aunque los mapas convencionales tienen el norte en su parte superior, hay hacedores de mapas que optan por poner el sur en la parte alta del mismo.

Cuando es necesario poner el sistema de coordenadas, se debe referenciar el mapa con tres elementos:

- valores de referencia de las coordenadas, en general ubicados alrededor del cuadro del mapa, como en el mapa de la página anterior;
- una nota indicando el sistema de referencia (UTM, grados decimales, etc.) y el geoide (WSG84 por ejemplo);
- La proyección que se ha utilizado.

La escala, descrita en el capítulo 3.2, se dibuja en el mapa de varias maneras. Se construye en general una barra delgada donde se indica que cada centímetro es equivalente a tantos metros o kilómetros. Esta referencia es preferible a la presentación de una escala numérica, porque cuando los mapas pasan por un proceso de agrandamiento o empequeñecimiento, por ejemplo, al ser fotocopiado, la escala gráfica se amplía o reduce armónicamente, en cambio la escala numérica no.

Existen dos formas de representar la escala:

1- Numéricamente, como se mostró anteriormente, ejemplo **1:7.000**

2- Gráficamente: ahora ves una barra como se muestra a continuación:

En lugar de poner valores de centímetros a la izquierda ponemos sus valores correspondientes en el terreno y en vez de poner valores de centímetros a la derecha, ponemos valores correspondientes en el terreno.

En el ejemplo si la escala es 1:7000 ya sabemos que 1 cm en el terreno =70 mt en el terreno.

Para recordar...

Algo importante de saber es que las escalas son adimensionales, es decir no tienen unidades; solo digo escala del mapa 1:1000, pero no es correcto decir 1:1000 cm o 1:1000 km. es decir, la escala es solo un valor numérico.

El tamaño de la escala del mapa es inversamente proporcional al modulo escalar de dicha escala, mejor dicho, "todo es al contrario", así: si queremos trabajar con escalas grandes, necesitamos módulos escalares pequeños como 1:2.000, 1:500, 1:1.000, etc. Pero si necesitamos trabajar con escalas pequeñas, los módulos escalares serán grandes como 1:50.000, 1:100.000, 1:2.000.000, etc.

La orientación permite saber dónde está el Norte geográfico. En general, la orientación sigue la disposición en la hoja de papel o de la pantalla: el norte está arriba, el sur abajo. Pero cuando a menudo se necesita orientar realmente el mapa como lo hemos visto en el capítulo 2.1.1. En este case se necesita dibujar una rosa de viento.

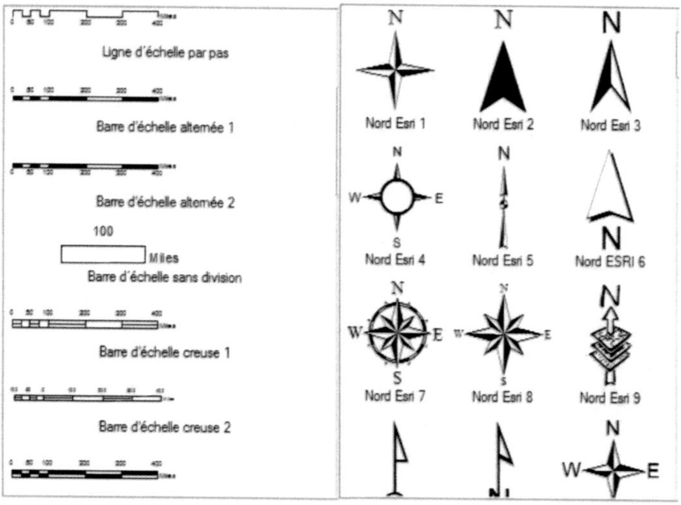

Figura 79. Diferentes tipos de escalas, y de rosa de viento, a disposición en el software de SIG, ArcMap.

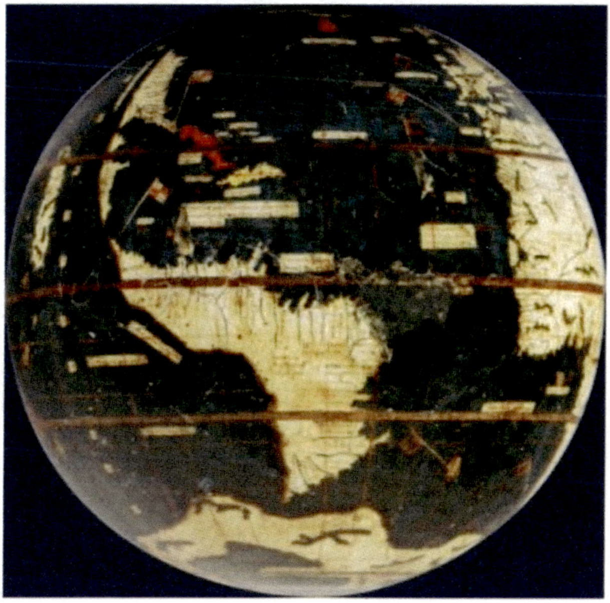

Globo de Quirini o Globo verde, Martin Waldseemuller
Representa la América según conocimientos de la época Cerca 1507, Saint-Dié.

Capítulo 6

Interpretación del mapa

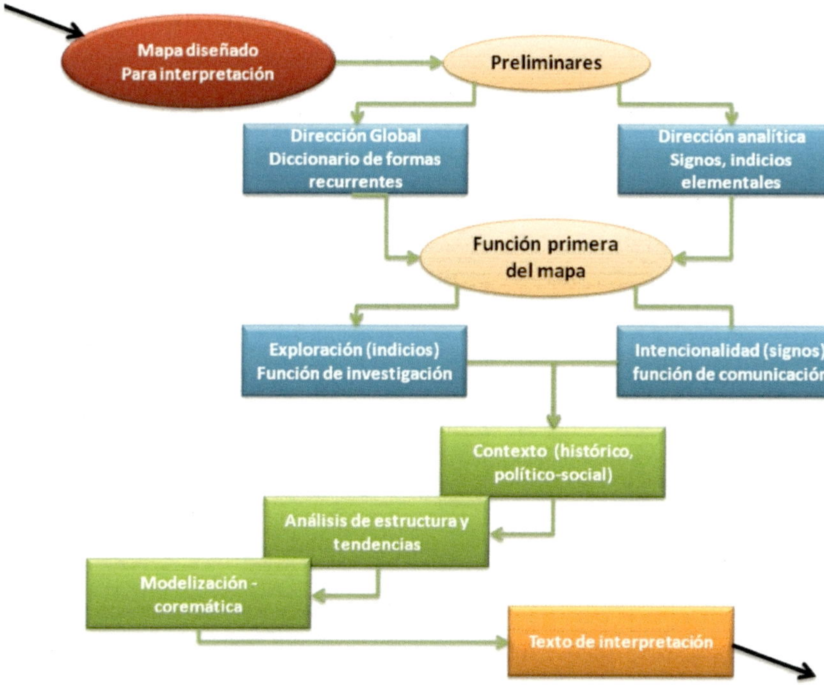

Lectura: Se refiere solamente al reconocimiento de todos los elementos naturales y culturales que están presentes en el mapa. Es decir, leer el río, la ciudad, los cultivos, los bosques, etc. La lectura nos permite identificar y reconocer esos elementos y probablemente describirlos en términos cualitativos y/o cuantitativos.

Interpretación: La interpretación de los mapas es realmente lo que más tiene valor y consiste en inferir situaciones o problemáticas existentes en un territorio a partir del reconocimiento de ciertos elementos o la presunción de su existencia. Por ejemplo, en geología si observamos zonas de pendientes o relieves suaves podemos inferir que el tipo de rocas, que no estamos viendo, pero que inferimos sean sedimentarias o depósitos sedimentarios; en sociología por la baja densidad de viviendas rurales en ciertas zonas podemos inferir la tenencia de la tierra o condiciones ambientales adversas que no permiten mayores densidades de población.

Un mapa es un instrumento que pone en relieve las diferencias en el espacio. Cuando estas diferencias se repiten, aparecen ocurrencias y finalmente, similitudes. Cada mapa muestra una morfología particular, combinación de diferencias y similitudes. Interpretar un mapa es tarea compleja pero no tan complicada. Se trata de identificar esta combinación particular de las formas y darla sentido. ¿Cómo una forma cartográfica se vuelve estructura espacial o contingencia? Aprender a identificar formas cartográficas y darle sentido se hace en dos direcciones:

- una **dirección global**, enciclopédica, que consiste en establecer su propio diccionario de formas recurrentes, suerte de modelos topológicos únicos (un Estado, un área cultural, un delta, etc.), y tratar de identificarles en el mapa;
- una **dirección analítica** que consiste en identificar formas sencillas y repetitivas (eje, corona, estrella, vínculos, etc.), hasta indicios y signos elementales cuya combinación da la configuración particular de un espacio, a la vez convergente con otras situaciones espaciales y única.

En situación de recorrer estas dos direcciones, deberíamos estar en medida de compartir el contenido del mapa según la relación exploración/ intencionalidad que determina la función primera del mapa:

- La exploración es más importante que la intención: el mapa sirve para investigar. Llamaremos su contenido factual *indicios*. El análisis de indicios da insumos para la investigación.
- La intención es más importante que la exploración: el mapa está en modo comunicacional. Llamaremos su contenido factual *signos*. La interpretación de los signos enseña sobre el mensaje del autor.

Esta relación exploración/ intencionalidad es la traducción factual de dos funciones principales de la cartografía, a la vez herramienta (de investigación) y lenguaje (comunicación). De un lado, si consideramos la cartografía como herramienta, velaremos que ella se conforma al protocolo global de la investigación: análisis, síntesis, consolidación, verificación, comparación. De otro lado, si la consideramos como lenguaje, hay que hacer un trabajo normativo con vocabulario, gramaría, sintaxis y relación significante/significado. Es el dominio de la semiología gráfica.

- El análisis morfológico del mapa y su interpretación se hará según tres etapas:
- La primera etapa se dedica a la exploración del **contexto** dentro cual ha sido elaborado el mapa, así como el grado de intencionalidad, el **objetivo** de su autor.
- En la segunda etapa, nos interesamos a cómo pasar de formas espaciales al análisis de **estructuras y tendencias espaciales**.
- La tercera etapa da oportunidad de explorar cómo la **modelización** puede ayudar a interpretar el mapa, identificando las formas elementales, procesando su combinación hasta tener modelo del único a través de la *coremática*.

6.1 - Contexto y objetivo del mapa

En un texto publicado en 1992 (traducción española en 2005), John Brian Harley, historiador de la cartografía, denuncia la pretensión de sus contemporáneos cartográficos y geomáticos a compartir y difundir el mito epistemológico de progreso acumulativo de una ciencia perfectamente objetiva que sería la cartografía.

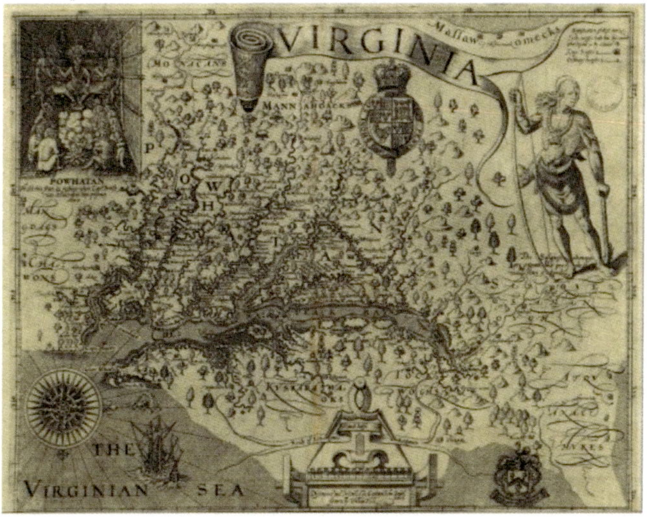

Figura 80. Mapa de John Smith (1616) -
Cortesía de Osher Cartography Collection - university of South Maine.

De hecho, la espectacular precisión permitida por las herramientas de la cartografía, en particular, los Sistemas de Información Geográfica, da ilusión de objetividad absoluta a la cartografía contemporánea. Los cartógrafos modernos tienen tendencia a despreciar la producción cartográfica de sus antecesores y la de otras procedencias geográfica-culturales (como la cartografía vernácula ejemplo). Sin embargo, independientemente de los métodos elegidos, un mapa sigue una *construcción social del mundo*[11].Harley demuestra que el proceso de dominación política por medio de la cartografía empezó temprano con la llegada de los colonos británicos en las costas de la "Nueva Inglaterra". Destaca que el primer mapa dibujado

[11] Harley J. B., 2005, Texto y contexto en la interpretación de mapas antiguos, in: *La Nueva Naturaleza de los Mapas*, Fondo de Cultura Económica, México

por John Smith, orientado el Oeste, tiene la pata de los nativos, pues es un mapa que refleja su mundo hecho de relaciones y tiene nombres vernáculos de los lugares habitados. Los mapas de los sucesores de John Smith van, primero a compartir el mundo cristiano (lugares representados con una cruz) con el mundo "pagano" (lugares representados con triángulos), y luego van a borrar este mundo del mapa, reemplazando los nombres nativos de lugares por nombres ingleses o gaélicos[12].

Una cartografía crítica empieza por situar los contextos alrededor su propia producción. Entonces, un autor de mapa debe chequear por lo menos dos niveles de contexto para verificar su adecuación a su objetivo:

- El contexto técnico-material concierne todos los aspectos materiales de la cartografía: datos, métodos, técnicas cartográficas, escala, grado de precisión, etc. que ya hemos expuesto.
- El contexto técnico-social enmarca las condiciones ideológicas de la producción cartográfica: temas tratados, relaciones entre científicos, patrocinadores, población-blanco, poder, ética, responsabilidad, etc.

[12] Harley dice que los nombres de lugares nativos han sido sepultados con sus habitantes originarios.

Figura 81. Mapa del mar mediterráneo de Jacobus Maiolo (1563) orientado al Norte - Europa siembra rodeada por las tiendas de los ejércitos en campaña.

Ningún modo de conocimiento está partido de su contexto social y político, ni de la noción de poder. ¿Para qué elegimos nuestros temas? ¿Quién es patrocinador del mapa? ¿Quién va a leerlo? ¿Se puede expresar todo que deseamos expresar?

La tecnología, a través de manipulación de grandes bases de datos con sus métodos sofisticados, tiene tendencia a alejarnos de tal contexto y des-responsabilizarnos. Ningún mapa, inclusive el más preciso, es exento de presupuesto ideológico o de prejuicio moral o de valor, pues es soporte de elecciones de su autor (ver capítulo 2).

Figura 82. Manuscrito de 1553 copiado del mapa de El Edrisi - Orientado al Sur. Europa está confinada al rincón sureste del mapa

6.2 - Análisis de las estructuras y de las tendencias en el mapa

La lectura de un mapa se empieza por su globalidad y sus articulaciones. Es un modo de lectura muy distinta de la lectura lineal de un texto lo que hace su especificidad. Es una lectura morfológica y universal que a veces es suficiente por sí mismo. Con la experiencia, pasar de una forma a una estructura espacial se hace con rapidez y seguridad gracias a la comparación inmediata con nuestro diccionario personal de formas recurrentes. Cuando se necesita, nos apoyamos sobre la leyenda que proporciona llaves locales para afinar la primera lectura global. Una lectura más profundizada va revelar configuraciones locales: rupturas, oposiciones, focos o corrientes. Ejemplo, en el caso de Bolivia, la lectura va a dar grandes rasgos y oposiciones del país: ruptura Andes/Orientes, red urbana, frentes pioneros, después casos particulares, así como polos secundarios, perfiles poblacionales o de actividad, etc.

Figura 83. Frente pionero brasileño en la Amazonía. El Rio Madre de Dios es la frontera entre Brasil y Bolivia. Se percibe la ciudad gemela de Guayaramerín al Sur. Fuente: Google earth

La figura 83 nos muestra la importancia de la representación cartográfica para entender algunos fenómenos de estructuración geográfica: únicamente con una imagen satélite (y su indispensable leyenda para saber dónde estamos) se puede ver la importancia del modelo político en la colonización de la Tierra. Del lado boliviano casi ningún rastro de frente de colonización, mientras que en la parte brasilera los frentes son muy amplios. La frontera, a veces, sirve en algo…

La interpretación supone que ya conocemos un poco el espacio estudiado para emitir hipótesis y darles sentido a las organizaciones espaciales identificadas. Esto es un proceso iterativo de conocimiento que hay que practicar para acumular experiencia. Procediendo así, identificamos estructuras espaciales que conforman un marco relativamente estable (límites naturales o administrativos, jerarquía urbana, etc.). Identificamos también lo que es de orden de las dinámicas espaciales (eje de propagación, área de extensión o de regresión, etc.) que contienen en germen los tejidos del cambio territorial.

El espacio es regido por leyes, a la vez leyes intrínsecas geométricas fundadas sobre la distancia y la polarización, y leyes sociales de producción del espacio. Interpretar mapas pasa por la identificación de estructuras y tendencias nacidas de estas leyes. Por ejemplo, la figura 84 muestra correspondencia entre una configuración espacial y su traducción en distribución estadística.

El modelo de concentración es el de la distribución de un fenómeno a partir de un punto donde está a máximo de su intensidad, la cual disminuye a medida del alejamiento de este punto central, hasta desaparecer. La ciudad es el modelo de concentración más relevante, pues concentra todos los recursos y potencialidades. Puede ser también una forma distribución de objetos que es muy común en geografía: distribución de ciudades (muchas pequeñas, pocas grandes), de propiedades agrarias (muchos micro fundíos, pocos latifundios), etc. La curva de frecuencias de la distribución muestra un perfil desequilibrado hasta la izquierda.

Cuando se generaliza el modelo de concentración, tenemos en modelo centro-periferia. Por ejemplo, la difusión de la innovación obedece a tal modelo. Muchas veces, la curva de frecuencias presenta un perfil multimodal, lo que puede significar que la población estudiada está compuesta de sub-poblaciones que tiene cada una su propia dinámica.

El modelo de gradiente es también un modelo de concentración que se hace, no puntualmente sino a lo largo de un eje. La configuración del relieve puede inducir un gradiente, pero la gran mayoría de los gradientes axiales son de origen humano, que se constituyen con la apertura de un eje de comunicación.

Cuando encontramos un mapa que presenta une distribución aleatoria, se vuelve difícil interpretarlo. Por eso, en general, descartamos de la serie los mapas que tienen tal distribución. Pero a veces, un perfil así, que no muestra nada particular, puede ser indicio de un lugar desestructurado o todavía no estructurado (ejemplo una ciudad que pierde sus servicios y que ya no polariza su espacio; una instalación pionera aleatoria en función de las oportunidades).

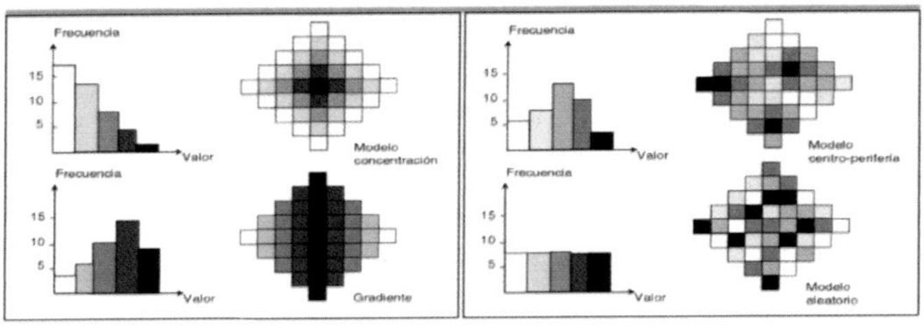

Figura 84. Relación entre estructura espacial y distribución estadística

Estos modelos de distribución geográfica han inspirado muchos economistas y geógrafos a pesar de ser marginados dentro de la historia pensamiento económico, el cual no ha dado mucha importancia al espacio. Dentro de los autores más citados cabe destacar a Johann Heinrich von Thünen y su modelo de renta agrícola (1826), Alfred Marshall y su descripción de los distritos industriales (1890), Walter Christaller y su teoría del lugar central (1933), August Losch y sus modelos de equilibrio económico-espacial (1940), François Perroux y su teoría de los polos de crecimiento (1955), Philippe Aydalot y su teoría de los entornos innovadores (1986), hasta Paul Krugman que propone pequeños modelos de externalidades de aglomeraciones dentro de su *nueva economía geográfica* a partir de los años 80. La lista de los autores destacables del espacio económico es lejos de ser exhaustiva[13] pero refleja la elección de los geógrafos y economista espaciales.

Por sus espectaculares traducciones gráficas y cartográficas, cabe destacar el trabajo de geógrafos y economistas germanos cuyos modelos teóricos han pasado, a diversos grados, a la posteridad. Se trata de Johann Heinrich von Thünen, Walter Christaller y August Lösch. Sus propuestas se completan pues cada uno tiene su tema de predilección: von Thünen se centró en el sector agrario, Christaller estudió los servicios y Lösch optó por una organización de todos sectores con especial énfasis con las industrias.

[13] Pensamos entre otros en Alfred Weber, contemporáneo de Marshall, en Hotelling contemporáneo de Christaller y Losch, en Walter Isard, contemporáneo de Perroux, que todos contribuyeron al progreso de la economía urbana, regional e industrial

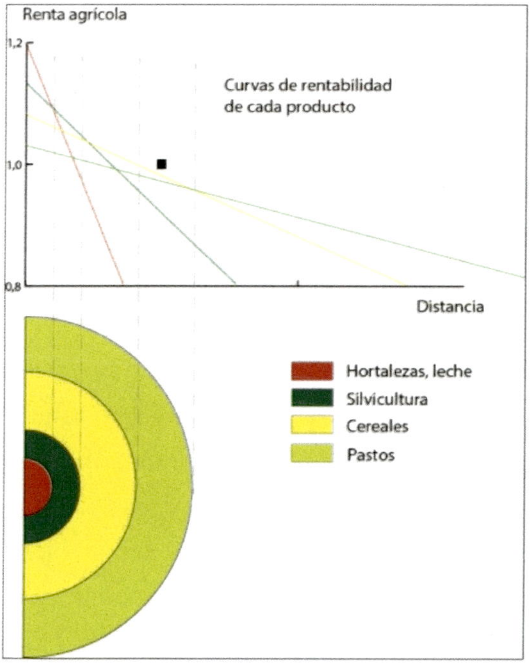

Figura 85. Las curvas de rentabilidad de von Thünen y su correspondencia espacial. En cada cruze desaparece la rentabilidad de un producto, reemplazado por otro. Según von Thünen.

J. H. von Thünen era un aristócrata prusiano terrateniente y por eso estaba interesado en estudiar la configuración espacial de la producción agrícola en función de la proximidad del mercado urbano. Publicó en 1826 *Der isolierte Staat in beziehung auf Landwirtschaft und Nationalökonomie*[14](El Estado aislado con relación a la agricultura y a la economía nacional), que es un estudio de la renta agrícola en función de una ciudad-mercado. Su presuposición era que los cultivos se organizan en función de su distancia a la ciudad. Cada producto tiene una distancia óptima donde su renta es máxi-

[14] *Reedición en 1910*

ma: más cerca de la ciudad, decrece la renta debido al precio del terreno; más lejos, decrece la renta debido al costo de transporte. Su modelo de optimización y equilibro es de tipo radio concéntrico. Debida a la concurrencia de otras actividades, la producción agrícola más cerca de la ciudad es la que genera mejor valor agregado y que no soporta el transporte, como ejemplo los cultivos de hortalizas y la producción lechera. Luego se encuentra la silvicultura. Más allá se extienden superficies dedicadas a cultivos de cereales. Por fin, los pastos para la ganadería extensiva. Con la evolución de economía capitalista hacia une organización mundial, el modelo de von Thünen parece formalmente obsoleto. Pero este autor ha planteado problemas geográficos de la economía que siguen vigentes: organización espacial de la economía; concurrencia espacial de las actividades; logística y acceso al mercado. La escala ha cambiado, pero sigue el espíritu del modelo de von Thünen, el cual ha constituido un modelo, una representación universal de la estructuración del sistema agrario.

W. Christaller ha trabajado en la llanura subalpina de Alemania del Sur y publicó en 1933 *Die zentralen Orte in S*üddeutschand (los lugares centrales en Alemania del Sur). Su idea era que los individuos y las empresas optimizan sus desplazamientos, para alcanzar los servicios y comercios y satisfacer sus necesidades, según une lógica puramente económica. Por eso, el espacio está organizado racionalmente para ofrecer los servicios y comercios. Los más comunes, así como la panadería, se encuentran en los burgos de proximidad, mientras tanto las grandes ciudades tienen todas las gamas de servicios comercios de los más comunes a los más raros (joyería, hospital equipado de escáner). Entre las dos, las ciudades intermedias son jerarquizadas según el nivel de los servicios y comercios que ofrecen.

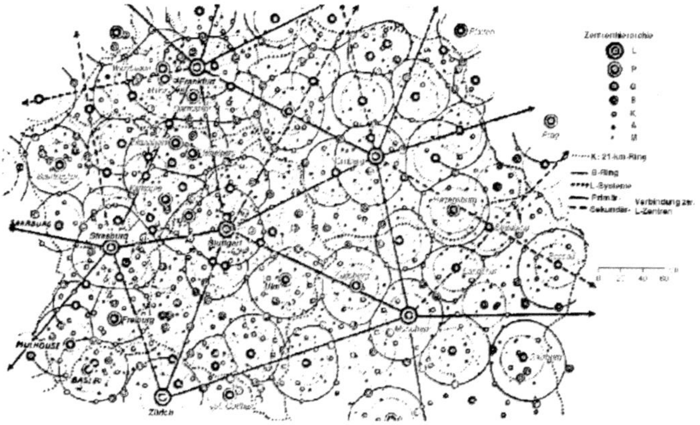

Figura 86. Modelo original de Christaller - Las metrópolis regionales conforman un pentángulo. Hay huecos en el Este y en el Noroeste materializado por cruces entre líneas de puntos.

Christaller empezó por situar las metrópolis regionales y trazar vínculos entre ellas. Constatando una regularidad en su ubicación, imaginó su modelo teórico jerarquizado de la organización urbana, en base a nexos y áreas de influencia que corresponden a coronas de ciudades de nivel inferior. Constató que su modelo cabía con la organización real del sistema urbano de Alemania del Sur (con huecos a las cruces de líneas de puntos presentados como anomalías). Es cuando el modelo se pretendió normativo que se habló de *teoría de los lugares centrales*. El modelo de Christaller gusta mucho a los geógrafos por su sencillez y alcance y entonces su criticabilidad. Un primer grupo de críticas concierne la falta de universalidad del modelo. Muchas contingencias físicas (montañas, ríos, valles, mar) las vías preferenciales de comunicación, la atracción de la costa da patrones de poblamiento lineal muy lejos de los requisitos factuales del modelo (una llanura sin obstáculos antiguamente poblada). El segundo grupo de objeciones está vinculado con la racionalidad humana que no es únicamente económica sino múltiple, social, cultural, emocional. Las sociedades humanas tienen también sus contingencias con guerras, conflictos sociales y políticos, fronteras fluctuantes, decisiones tiránicas o irracionales que perturban la organización espacial. Sin embargo, el modelo de Christaller sigue atractivo, particularmente en el continente americano, sea como modelo descriptivo, sea como normativo.

Figura 88. Modelo teórico simplificado del espacio económico de Lösch con trama.

Más que Christaller, August Lösch es considerado como padre de la teoría del lugar central por los economistas. Su modelo de organización urbana se quiere más completo en criterios y actividades económicas y tiene una formulación matemática y geométrica formal cuya complejidad gusta a los economistas. Él produjó las figuras hexagonales de la organización urbana ideal consideradas como económicamente más racionales. Lösch conocía la obra de Christaller y quería elaborar un modelo más refinado, más deductivo, más teórico y más universal. Además, no tenía pretensión normativa como lo tenía Christaller sino que consideraba su modelo teórico como un marco con que medir las desviaciones de las organizaciones urbanas reales. Sus viajes a Estados Unidos lo impactaron mucho en su trabajo. Publicando en 1940 *Die raümliche Ordnung der Wirtschaft* (El orden espacial de la economía), Lösch quería ser el más exhaustivo posible para ilustrar su teoría de localización, multiplicando los modelos con trama y sin trama, y superponiéndolos para ver las correspondencias y definir lugares centrales. Se murió temprano en 1945 y por eso puede ser que no tuvo tiempo para alcanzar sus objetivos científicos en particular en poner en tensión la dimensión de accesibilidad a las dimensiones, ya cumplidas, de coherencia y de pertinencia, así como de contexto de su obra.

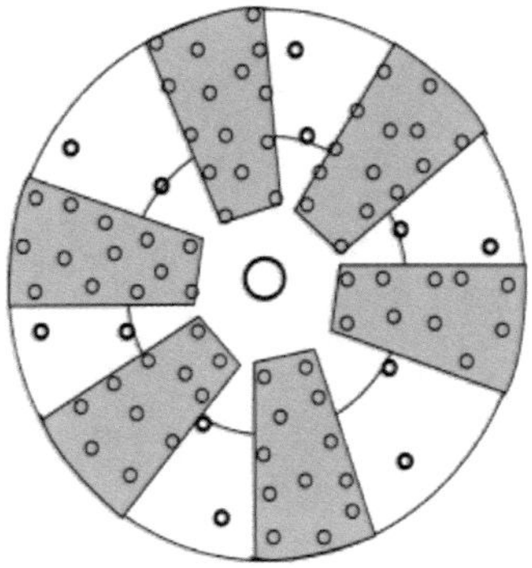

Figura 87. Modelo teórico del espacio económico de Lösch sin trama.

Estos tres autores muestran como, a partir de una visión espacial y una concepción gráfica y cartográfica, se puede ofrecer una visión del mundo mezclada con realidad y utopía que, por su potencia expresiva, no deja ninguno-a indiferente. El parágrafo siguiente habla también de modelización. Se trata de la coremática que es un método de identificación de estructuras espaciales que también aprovecha del poder expresivo de los modelos gráficos.

6.3 - Síntesis con la coremática

La interpretación de un mapa se aparenta a un trabajo de modelización. De una masa de información gráfica contenida en un mapa, sacamos unas líneas de fuerzas que nombramos estructuras y tendencias del mapa. Estamos a punto de reemplazar el mapa por un esquema que simboliza estas líneas de fuerza. Existe un método sistemático que pone en correspondencia las líneas de fuerzas identificadas en un mapa y unos esquemas ordenados en un cuadro de modelos elementales del espacio. Se llama la *coremática* [15].

El método se basa en un cuadro de 28 *estructuras elementales* del espacio elaborado a partir del cruzamiento entre 4 variables topológicos (punto, línea, área y red) con 7 procesos geográficos (malla, cuadrícula, jerarquía, atracción, contacto, tropismo y dinámica). Además, si la coremática *"sirve a expresar lo esen-*

[15] Por un estudio completo de la coremática, sus límites y dominio de aplicación, ver: Arreghini L., Formes et acteurs du changement territorial dans les périphéries du Monde. Tesis de doctorado, Universidad de Avignon, pp. 36-48.

cial de la organización de un espacio geográfico[16]", es consolidada por una hipótesis fuerte en la teoría social que es que los coremas expresan "*estrategias de dominación de la naturaleza y de los Hombres*[17]". El examen escrupuloso del cuadro de la coremática muestra que los cuatros procesos superior (malla, cuadrícula, jerarquía y atracción) emanan de tentativas sociopolíticas estructural de gestión territorial que desembocan en estructuras espaciales, mientras tanto los 3 procesos de abajo (contacto, tropismo y dinámica) introducen a diversos niveles lo coyuntural en la gestión del riesgo de los territorios.

[16] Brunet R., 1997, Champs et contrechamps. Raisons de géographe, Belin
[17] Ibídem

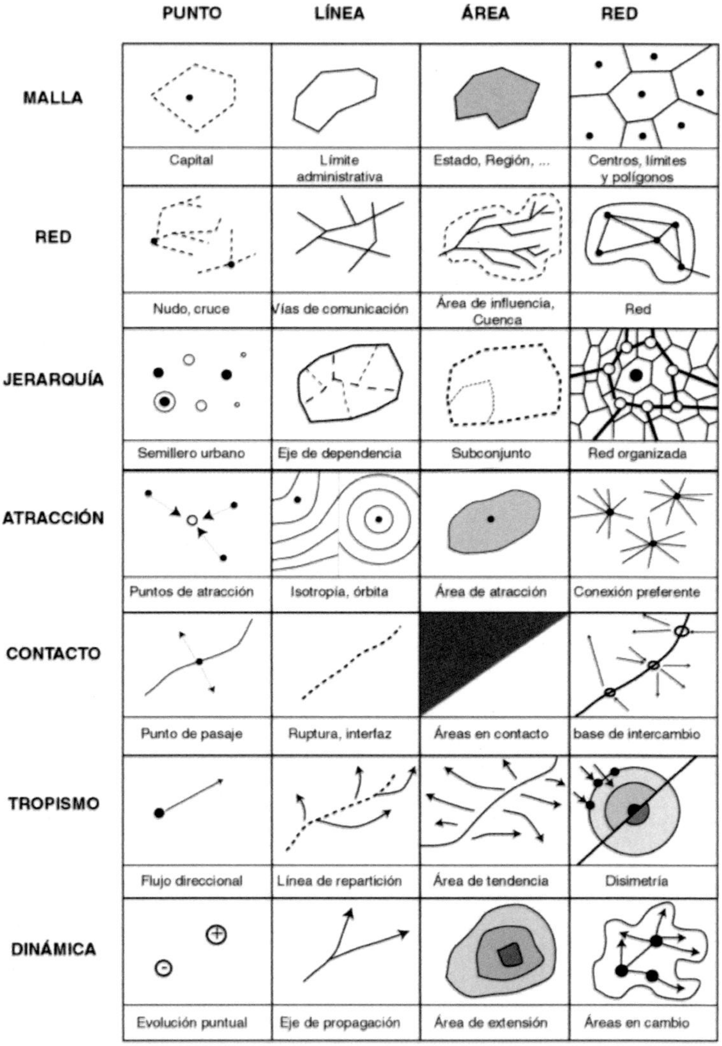

Figura 89. La tabla de los coremas, según Brunet, 1987

Las 28 estructuras elementales se llaman entonces *coremas* y tienen una doble función:

- Una función investigativa: apoyan el proceso mental de identificación de líneas de fuerza, que estructuran y dinamizan el espacio estudiado, a partir de documentos cartográficos. Es un proceso que moviliza capacidades deductivas y conocimientos personales sobre el espacio.
- Una función comunicativa: cada corema tiene su traducción gráfica y movilizamos sus capacidades expresivas para sostener nuestro discurso científico explicativo o demostrativo. Para no tener confusión entre las dos funciones, pues las utilizamos muchas veces de manera dialéctica, llamaremos *corogramas* las traducciones gráficas de los coremas. Si por comodidad, llamamos indistintamente corema a una estructura elemental y a su representación gráfica, hay que tener cuidado de no confundirlas, ni confundir la función de investigación y la de comunicación del corema.

¿Prácticamente, cómo vamos a proceder? La guía siguiente expone las etapas de una corematización exitosa.

- Etapa normativa: identificar los coremas. Chequear su conformidad al marco teórico.
- Etapa creativa: Dibujar una representación gráfica del corema. Elegir un cuadro.
- Etapa deductiva facultativa: analizar los procesos espacio-genético. Estudiar el origen histórico del corema (paleocorema) así como su evolución (cronocorema).
- Etapa innovadora: incluir el corema en su proceso de investigación. Maneras de usarlo.

Identificación y dibujo de los coremas

La primera grande etapa es entonces la identificación de los coremas. Es directamente vinculada con la segunda etapa que es de dibujar una representación gráfica del corema. Es un proceso iterativo y dialéctico entre identificar y representarlo mentalmente o realmente. Es porque la etapa es tan delicada pues la dialéctica es también entre lo normativo y lo creativo. El caso general es que tenemos una colección de mapas y, chequeándolos, identificamos espontáneamente configuraciones particulares y recurrentes. Para no olvidar nada y darle sentido a lo que observamos, es preferible actuar de manera sistémica en un proceso que se resume en la figura siguiente

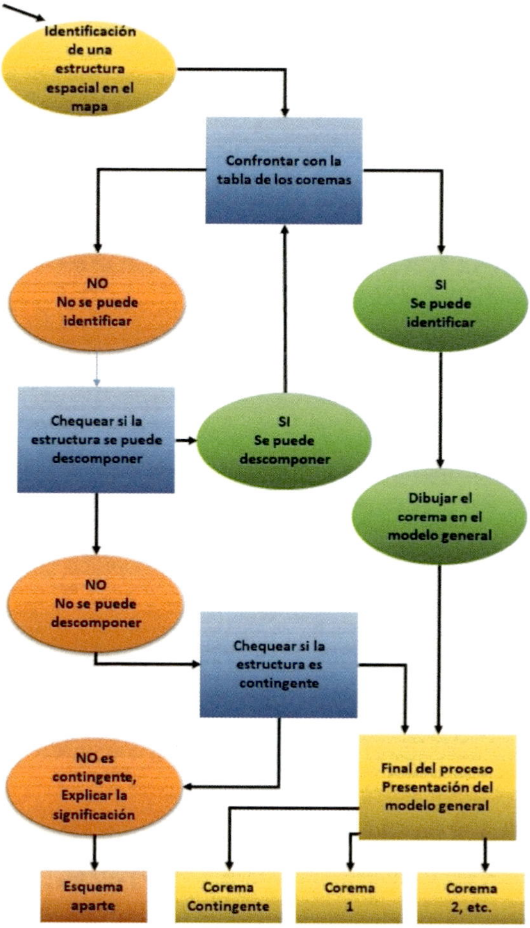

Figura 90. Esquema lógico para la construcción de un modelo gráfico a partir de coremas

La figura 90 muestra las diferentes etapas del proceso:

- Identificar de manera empírica las estructuras espaciales en los mapas
- Confrontarlas al cuadro de la coremática

- Si hay correspondencia entre nuestra estructura y un corema del cuadro, la identificamos formalmente como corema y dibujamos el corograma correspondiente para contextuarlo
- Si no encontramos ninguna correspondencia, chequeamos si nuestra estructura es elemental o compuesta.
- Si es compuesta, la descomponemos y volvemos al principio del proceso
- Si no se puede descomponer, entonces es elemental y chequeamos si es una estructura contingente. La contingencia en general es de origen física. Ejemplo, la presencia de un recurso natural puede suscitar una estructura contingente según la duración de su explotación, perenne, intermitente o esporádico.
- Si no es una estructura contingente, buscamos la razón de su presencia y de su inadecuación aparente al método de la coremática. ¿Sería que la estructura que identificamos no cabe con el postulado de base (¿corema como expresión de la dominación de la naturaleza y de los Hombres?) ¿Sería que el método tiene lagunas y que estamos en medida de hacer une propuesta crítica? ¿Sería que la coremática no sirve para el tema/espacio que estudiamos y tenemos que abandonarla?

El cuadro de la coremática es una ayuda teórica y metodológica para identificar a nuestros coremas. Sin embargo, no sirve reproducir fielmente los corogramas del cuadro. Hay que dibujar nuestro propios corogramas contextualizándolos al espacio estudiado. Tenemos en cabeza que *"[El corema] sirve a expresar lo esencial de un espacio geográfico. Su valor está* vinculado *con la calidad de las representaciones obtenidas*" (Brunet, 1997).

En primer lugar, hay que elegir un cuadro, lo llamaremos cuadro-dibujo, que va a contener el corograma. Este cuadro-dibujo debería ser muy sencillo y neutral, en general un cuadro o un rectángulo. Las otras figuras geométricas (círculos, triángulos, etc.) deben ser usadas con parsimonia et deben ser justificadas. Ejemplo, un circulo u ovalo sugiere un efecto de encerramiento y puede ser utilizado en el caso de las islas. La figura del triángulo no se usa sino por justificación bien argumentada. Ejemplo en el Atlas Nacional de Bolivia publicado en 1995 por el IGM, el triángulo ha sido elegido como dibujo-cuadro para los coremas poniendo énfasis en la fragilidad del país en sus tres rincones donde perdió territorio. El contexto histórico regional siembra importante para la configuración del país tal como los elementos internos.

Ejemplos:

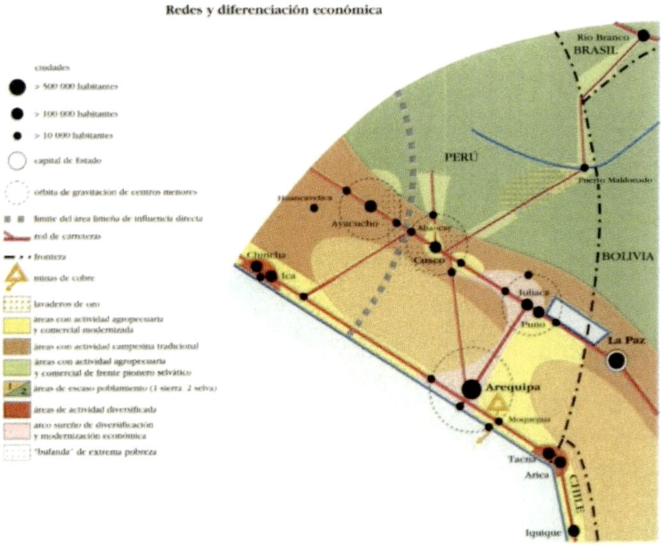

Figura 91. La estructuración del espacio cusceño (lámina 66). Fuente: Mapas del Atlas de Cusco. Isabel Hurtado, Évelyne Mesclier, Mauricio Puerta et Jean-Paul Deler, Lima: IFEA, 1997.

"En la lámina 66 se busca reubicar primero la Región Inka en el contexto de su vecindad geográfica con el Sur peruano y el área trifonteriza con Brasil, Bolivia y Chile; se muestra además cómo se sitúa la Región en el conjunto de campos geográficos mayores, macrorregionales, andinos o internacionales, a los cuales pertenece. Dichos campos, por su presencia y sus efectos, contribuyen a determinar las cualidades del territorio regional. Luego, en la lámina 67 se identifica siete modelos elementales -o coremas- que contribuyen a definir las formas fundamentales de estructuración del espacio, entre ellos, el gradiente de los pisos altitudinales, la disimetría sierra/selva, la diagonal estructuradora o la conformación teórica del sistema urbano de control del espacio;

a modo de complemento, se presentan los principales modelos de diferenciación espacial que introducen las dinámicas de cambio observadas a lo largo del Atlas, como el efecto centro-periferia, la partición en cuadrantes, o la figura de la "bufanda" de pobreza extrema."(Extracto del Atlas de Cusco).

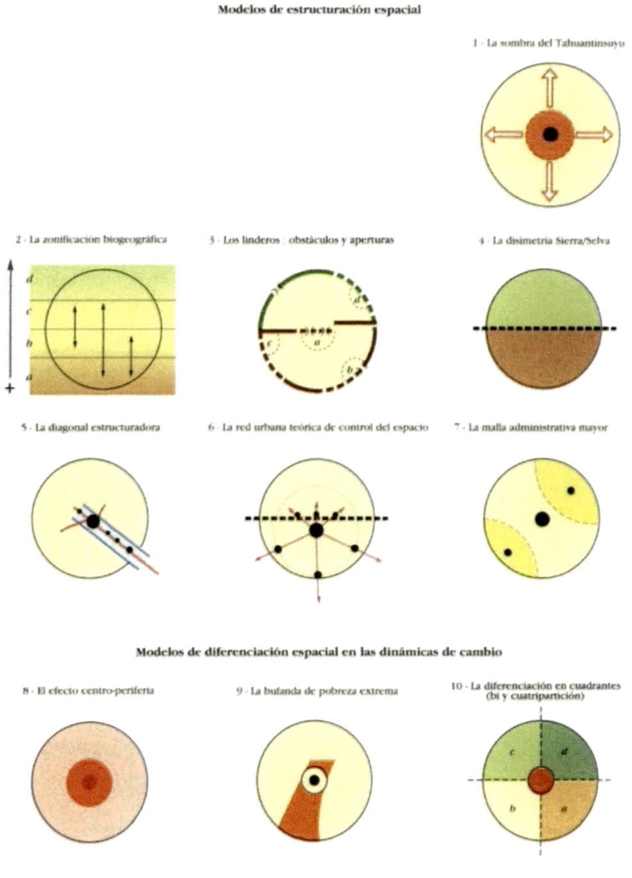

Figura 92. Los elementos de base para la construcción del modelo de organización espacial de Cusco. Fuente: Mapas del Atlas de Cusco. Isabel Hurtado, Évelyne Mesclier, Mauricio Puerta et Jean-Paul Deler, Lima: IFEA, 1997. (ver explicación en https://books.openedition.org/ifea/7039)

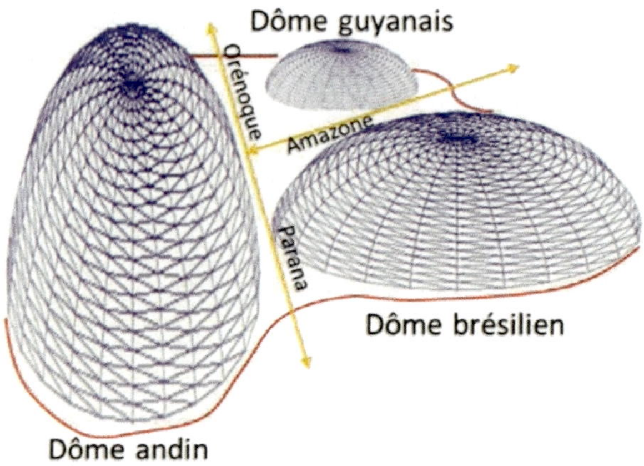

Figura 93. El corema en tres dimensiones, explicando los tres domos de la organización de Brasil. Fuente: Moriconi-Ebrard, 2019.

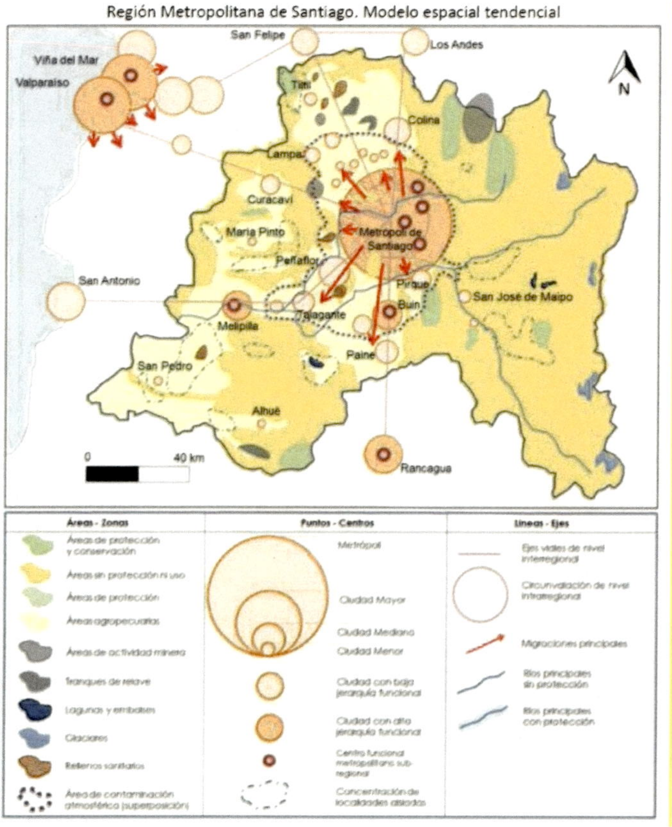

Figura 94. Una representación entre el esquema y el corema de la región metropolitana de Santiago de Chile. Según Ubilla Bravo, 2015

¿A qué sirven los coremas? Maneras de usarlos

Los coremas han tenido éxito en los años 90 y su amplia difusión gracias en particular a la revista Mappemonde[18], no solamente en el medio académico sino en la sociedad entera. Los mapas y los coremas funcionan de hermandad, son

[18] https://journals.openedition.org/mappemonde/

traducciones gráficas que portan un mensaje diferente, pero complementario. Los mapas permiten identificar coremas, es decir, estructuras fundamentales de organización del espacio; y los coremas ayudan a leer y entender esta organización a partir del mapa.

Hervé Théry es uno de los geógrafos que ha utilizado muy a menudo los coremas en sus publicaciones sobre Brasil. En el último atlas que público[19], cada mapa es asociado con una serie de coremas que permiten analizar los componentes del mapa, a partir de los modelos elementales de la figura 95..

[19] Hervé Théry, Neli Aparecida de Mello-Thery, 2018. Atlas do Brasil. Disparidades e dinâmicas do território. São Paulo: Edusp. 3ª ed. 392p.

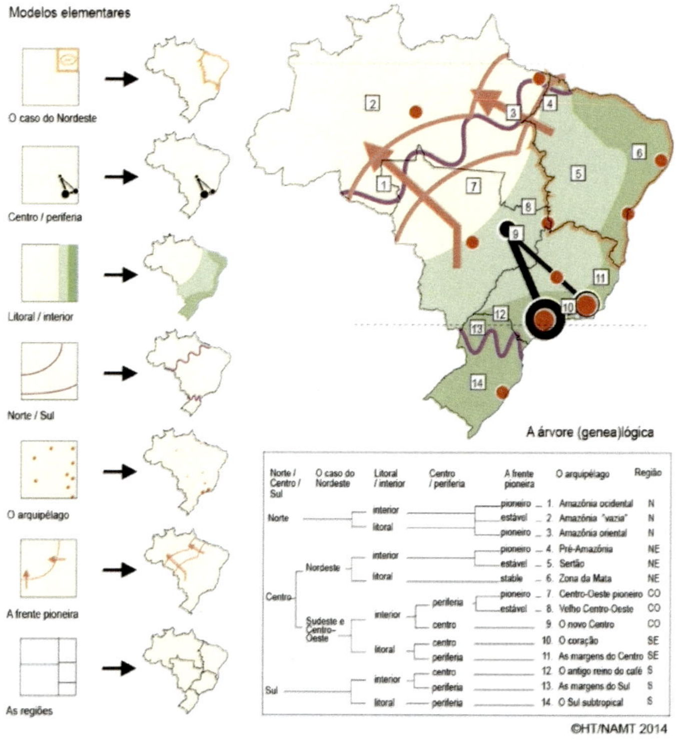

Figura 95: Los modelos elementales de la estructura espacial del Brasil (según H. Théry y N. Aparecida, 2018)

Para algunos, la lectura de la estructura se vuelve más fácil, para otros, complica aún más el mensaje del mapa.

Sin embargo, el principal éxito de los coremas fue en la educación segundaria de los niños. Los coremas demostraron ser excelentes herramientas educativas que los alumnos y los profesores adoptaron rápidamente. Permiten diseccionar el mensaje geográfico y luego reconstruirlo a partir de diagramas simples. Eso explica también su éxito en varias profesiones, que tienen que explicar, de manera sencilla y sintética la organización del espacio[20].

Los coremas también se han vuelto herramientas muy interesantes para describir un territorio cuando se realiza talleres participativos y mapas mentales (Dernat et al., 2016)

Para recordar

- ***Un mapa no es neutro, tiene un mensaje.***
- ***El mensaje se interpreta considerando las estructuras espaciales que conforman una organización general.***
- ***La geografía nos ha mostrado que estas estructuras son, a menudo, modelos de comportamiento, como el centro, la difusión, la periferia, la frontera, etc.***
- ***Esta modelización siempre fue simbolizada por gráficos sencillos, como fue el modelo de Christaller o de Von Thünen.***
- ***Los coremas son unos de estas herramientas para analizar un mapa y modelizarlo.***

[20] Ver por ejemplo el trabajo del arquitecto Manuel Pianda Zapata, en Nariño – Colombia. http://biblioteca.udenar.edu.co:8085/atenea/biblioteca/85507.pdf

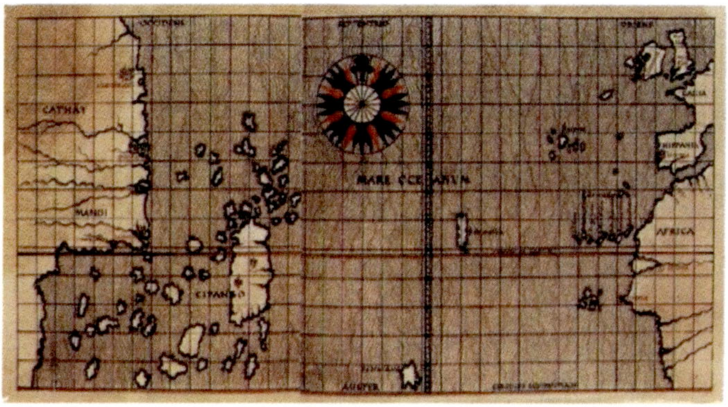

Mapa de Toscanelli que ubica la Asia al Oeste del Océano Atlántico - Fuente: Biblioteca Nacional de Francia

Capítulo 7

Técnicas y herramientas de cartografía y análisis espacial

En este capítulo, vamos a presentar las herramientas más comunes para realizar técnicamente los mapas: Técnicas para dibujar, a mano o por medio de un programa de computadora; Uso de herramientas de cartografía estadística y de exploración de datos; Uso de Sistema de Información geográfica, SIG

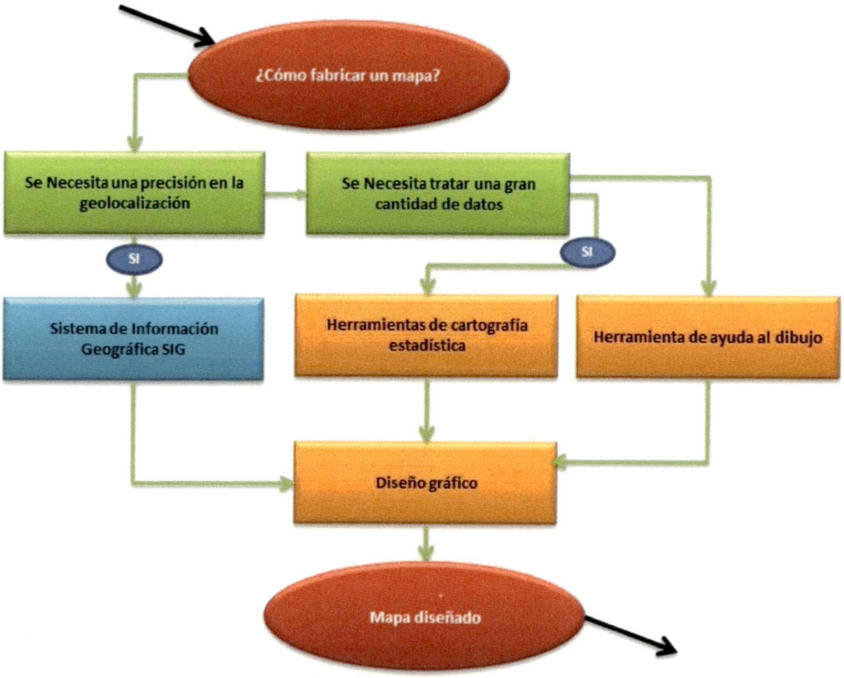

7.1 - Dibujar un mapa

El uso de programas de dibujo asistido por computadora[21] es útil en dos situaciones:

- Realizar un mapa con dibujo, tipo esquema cuando no se necesita precisión en la georreferenciación ni en la disposición de los elementos.
- Mejorar el aspecto de un mapa que proviene de otro programa. Por ejemplo, es muy común guardar un mapa en formato .AI o .EPS (Postcript) o .pdf, desde un programa de SIG, para después trabajar este mapa en Adobe Illustrator (por ejemplo) para la edición definitiva, en un libro, por ejemplo.

[21] Nos interesamos aquí solamente a los programas que funcionan en modo vectorial, que permiten modificar elemento por elemento. Los programas dichos "Paint" se trabajan pixel por pixel y son menos cómodos para la cartografía, mejor para esquemas. Una lista está en el anexo 2.

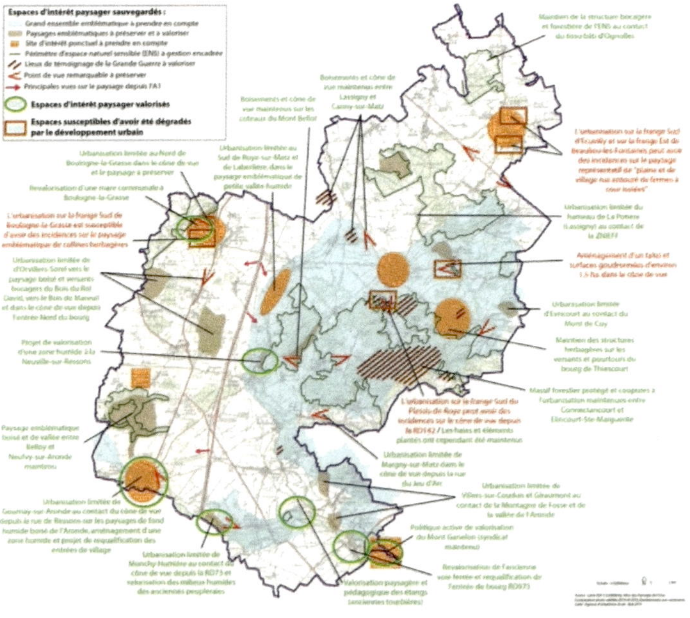

Figura 96. Combinación de un mapa realizado con SIG (Fondo topográfico del IGN de Francia) y elementos de dibujo o de textos (Fuente: SCOT, Espacios de Interés Paisajístico, Agencia de Urbanismo Arval, 2019).

7.2 - Cartografía estadística

La cartografía estadística es indispensable cuando se trata de representar variables cuantitativas o cualitativas en muchas entidades geográficas, sin que la precisión del fondo de mapa o de la georreferenciación sea necesaria.

En este caso, es la discretización en clases que será lo más importante en el mensaje, según el procedimiento que hemos descrito en el capítulo 4.

Existen varios programas informáticos que permiten realizar estos mapas de manera sencilla (ver anexo 2). También los SIG integran hoy en día esta función, pero de manera muy incompleta. A veces no es necesario la inversión en un SIG (en tiempo y finanzas) para realizar mapas estadísticos que se pueden hacer con programas sencillos.

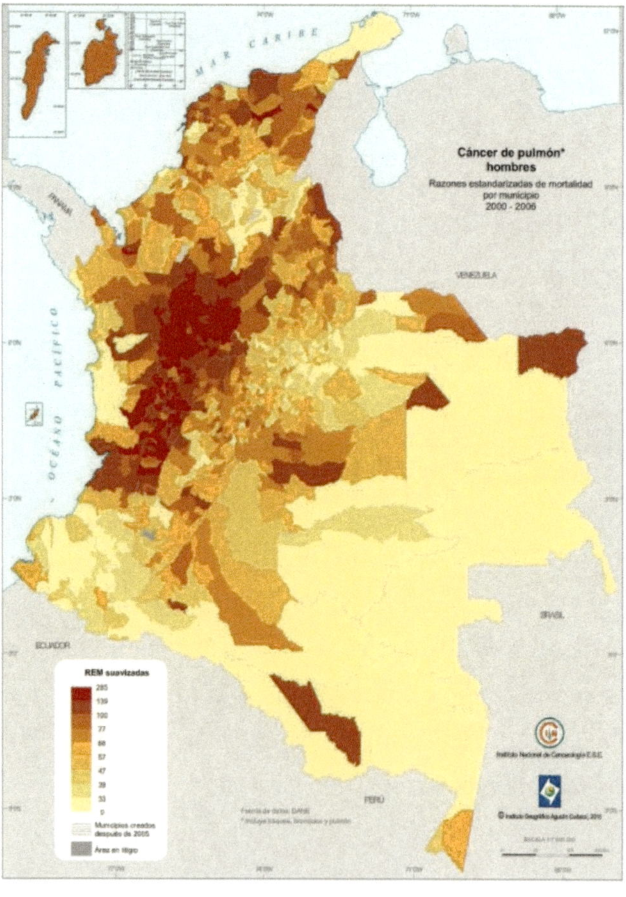

Figura 97. Extracto del Atlas del Cáncer de Colombia (Fuente: DANE y IGAC, 2005). Un mapa que muestra bien la fuerte concentración del cáncer de pulmón en zona de agricultura que utilizan químicos.

7.3 - Los sistemas de Información geográfica

7.3.1 - ¿Qué es la cartografía digital?

Este tipo de cartografía se sirve del uso de hardware (computadores) y software (programas) especializado para la realización de una gran variedad de productos cartográficos, a partir de los principios del diseño asistido por computador (CAD) y las técnicas cartográficas para la creación de mapas, permitiendo desplegar y manipular los elementos cartográficos directamente en un computador. La cartografía digital introduce enormes ventajas al trabajo con los mapas como la facilidad de la actualización de la información, la comunicación, la precisión, las presentaciones de las salidas (impresiones) y aunque las inversiones iniciales en equipos y licencias pueden ser altas, a lo largo del tiempo se traducen ahorros sustanciales de dinero y tiempo.

Hoy en día no tenemos que llevar los mapas impresos o análogos en soportes o protectores grandes enrollados, sino que los transportamos en memorias USB en los bolsillos y los podemos compartir al instante por el internet con quien necesitemos. De hecho, gran parte de la información cartográfica de nuestro país y regiones está disponible en portales web de forma gratuita o con accesos libres.

Mapas desplegados en pantallas sobre computadores

Imágenes manipuladas a través de computadores

7.3.2 - ¿Qué son los sensores remotos?

Cuando escuchemos hablar de sensores remotos, teledetección o percepción remota, en general, nos estamos refiriendo a lo mismo y es la técnica que permite obtener información de elementos sobre el paisaje natural o cultural de un territorio, sin entrar en contacto directo con ellos, es decir sin manipularlos físicamente. Así como podemos prender y operar nuestra televisión sin ir a ella directamente a través del control remoto, igual podemos obtener información de cosas que nos interesen sin ir a los sitios físicamente.

Las principales técnicas de los sensores remotos son:

a- Aerofotografías:

Llamadas también fotografías aéreas, son tomadas desde aviones, helicópteros, globos o cometas con cámaras aéreas. Las fotos aéreas son imágenes reales y reducidas del terreno, es decir, se reflejan en ellas todos los elementos naturales y culturales del paisaje. Tienen aplicaciones variadas, tantos en ciencias naturales como ciencias sociales.

b- Imágenes de satélite:

Son tomadas a grandes distancias de la tierra por satélites artificiales que están ubicados fuera de la órbita terrestre a más de 10.000 km de la tierra. A pesar de lo lejos que están estos satélites pueden tomar imágenes con mucho detalle (alta resolución) dependiendo de lo que se necesite. Igualmente tienen alta aplicación en ciencias sociales y ciencias naturales.

c- Imágenes de radar:

A diferencia de las imágenes de satélite que operan con energía solar, las imágenes de radar funcionan con energía acústica o sonora, en este sentido, los productos de radar tiene otras aplicaciones como la geología y la prospección de recursos naturales, pero pocas aplicaciones en ciencias sociales.

Para recordar...

El internet posee muchas páginas web y sitios donde podemos consultar y acceder a fotografías aéreas e imágenes satelitales de forma gratuita o a muy bajo costo. Estas herramientas se han masificado en su uso, por ejemplo podemos visitar www.google. earth , www.google.maps, o OpenStreetMap para ver que podemos encontrar en su país o los territorios de nuestro interés.

7.4 - Funciones de los sistemas de información geográfica -SIG

Se entiende por "Sistema de Información" la conjunción de información con herramientas informáticas, es decir, con programas informáticos o software. Si el objeto concreto de un sistema de información (información+software) es la obtención de datos relacionados con el espacio físico, entonces estaremos hablando de un **Sistema de Información Geográfica** o **SIG** (**GIS** en su acrónimo inglés, *Geographic Information Systems*). Así pues, un SIG es un sistema específico que permite a los usuarios crear consultas interactivas, integrar, analizar y representar de una forma eficiente cualquier tipo de información geográfica referenciada asociada a un territorio, conectando mapas con bases de datos.

El uso de este tipo de sistemas facilita la visualización de los datos obtenidos en un mapa con el fin de reflejar y relacionar fenómenos geográficos de cualquier tipo, desde mapas de carreteras hasta sistemas de identificación de parcelas agrícolas o de densidad de población. Además, permiten realizar las consultas y representar los resultados en entornos web y dispositivos móviles de un modo ágil e intuitivo, con el fin de resolver problemas complejos de planificación y gestión, conformándose como un valioso apoyo en la toma de decisiones.

Si bien los componentes de un SIG en cuanto al hardware o equipos y los software o programas podría ser de alto costo, también podemos trabajar con programas gratuitos de SIG muy interesantes y que podemos descargar de internet e igualmente, alquilar el uso de equipos para procesar información o para las impresiones finales, reduciendo enormemente los costos de su uso.

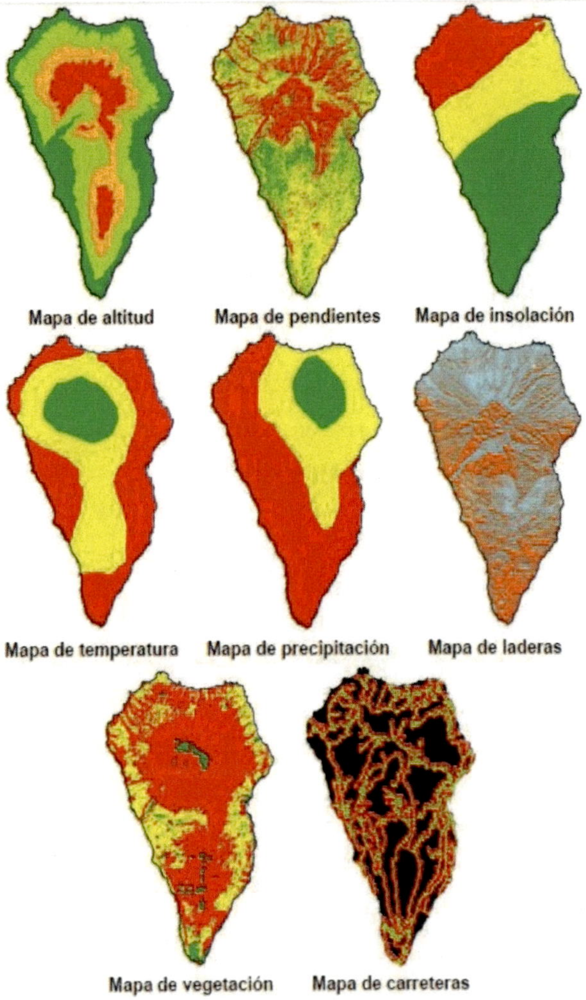

Figura 98. Realización de los componentes de un mapa de riesgo de incendio con análisis raster (Fuente: GeoInnova.org)

Para recordar...

Un SIG es una herramienta muy poderosa para la toma de decisiones en los territorios, por ejemplo, zonas expuestas a desastres y que requieren de reubicación de población, planificación territorial, acceso o tenencia de tierras, sistemas de producción como los cultivos, etc. Desafortunadamente muchas veces nos perdemos en la tecnología de los SIG como tal como, si como el fin de los SIG fuera producir mapas muy bonitos y llamativos, y nos olvidados que ese el solo el medio, pues el fin es apoyar la toma de decisiones acertadas, por quien corresponda, en los territorios para mejorar las condiciones de vida o competitividad económicas de alguna actividad, por ejemplo.

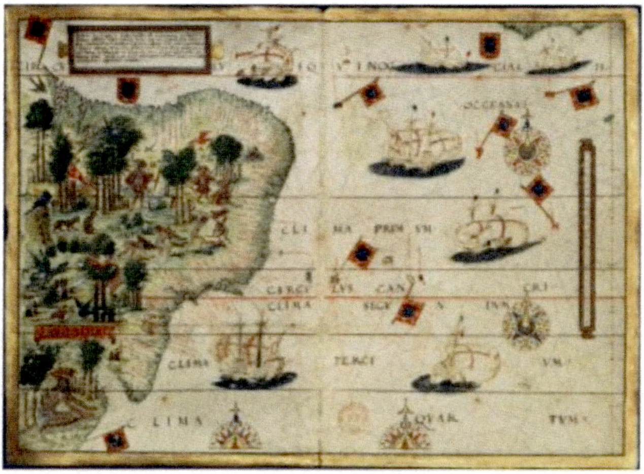

Primera representación de América - Fuente: Biblioteca Nacional de Francia

Capítulo 8

Algunas particularidades del uso de los mapas

En los mapas podemos hacer mediciones de distancias entre lugares y de áreas de polígonos. Existen diversas técnicas, con más o menos precisión una que otra y depende de la exactitud que necesitemos y de los instrumentos o tecnología que tengamos a disposición.

8.1 - Medición de distancias

A menudo es importante conocer las distancias entre los elementos de un mapa, o la longitud de una línea cualquiera, por ejemplo, vías, caminos, linderos, drenajes. O saber el área de ciertas zonas (polígonos) como parcelas, aglomerados de casas, cultivos, lagos, zonas con amenazas naturales, una vereda, un resguardo indígena, etc.

Existen 3 métodos para medir distancias:

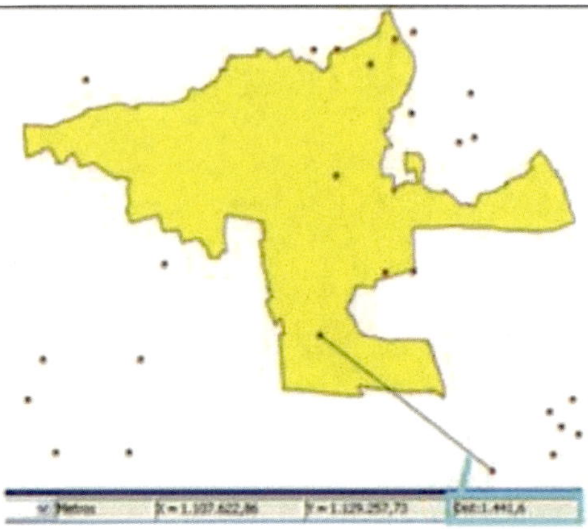

<u>1. Exacto,</u> a través de un SIG en cartografía digital.

Este método es directo y exacto y solo basta con dar click en el punto inicial y recorrer toda la línea a medir (recta o curva) y dar click al final. Directamente el sistema nos dará la distancia en km o m, es decir en el terreno. Para emplear este método tenemos que disponer de un Sistema de Información Geográfica –SIG y del mapa o la cartografía en formato digital.

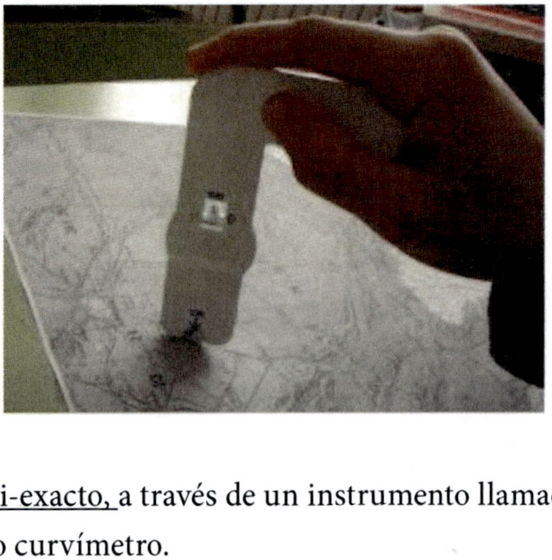

<u>2. Semi-exacto,</u> a través de un instrumento llamado correcaminos o curvímetro.

En este método es empleado un instrumento como se muestra en la gráfica y con el cual podemos hacer el recorrido de la línea a conocer la distancia, ya que tienen una rueda que se va moviendo y tienen asociadas las escalas para dar el valor. Este método es el principio de funcionamiento de un velocímetro o tacómetro de un vehículo, que a medida que se mueve o va girando, sabemos la distancia que recorremos.

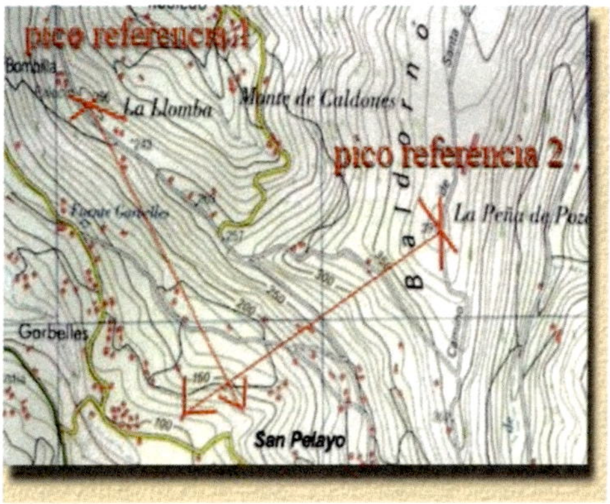

3. Manual, El método manual es muy simple y puede ser muy práctico si no disponemos de las herramientas de los métodos anteriores. Si las distancias a medir son rectas, solo basta son medir con una regla la distancia en cm y con la fórmula de escala, hallamos la distancia en el terreno. Para el caso de distancias representadas por líneas curvas, debemos utilizar una hilo, cordón o borde de una hoja para hacer coincidir la curva con el elemento y luego estirarla para mediarla con la regla como una línea recta y proceder a aplicar la fórmula de escala.

8.2 - Medición de áreas

Para medir áreas en los mapas existen también 3 métodos. Nos interesa medir por ejemplo el área de un cultivo, de un municipio, de un resguardo indígena, de una zona de interés ambiental, etc. Las áreas también las vamos a llamar polígonos y la mayoría son irregulares, es decir difícilmente se asemejan a figuras geométricas regulares.

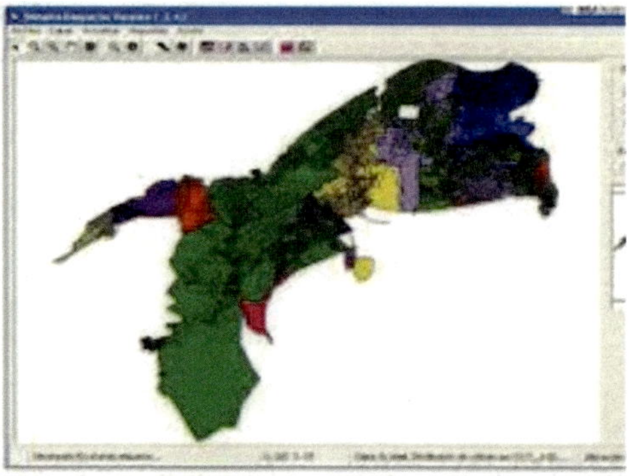

Figura 7. Vista de la Aplicación Despach

1. Exacto, a través de un SIG, método directo y muy exacto. Igualmente se necesita de un SIG y la cartografía digital. Todos los SIG tienen un calculador de longitud y área, en Ha. o km^2

Para realizar este cálculo se necesita saber con precisión la proyección que se ha utilizado. El SIG lo integra directamente, si conoce la proyección, en el cálculo.

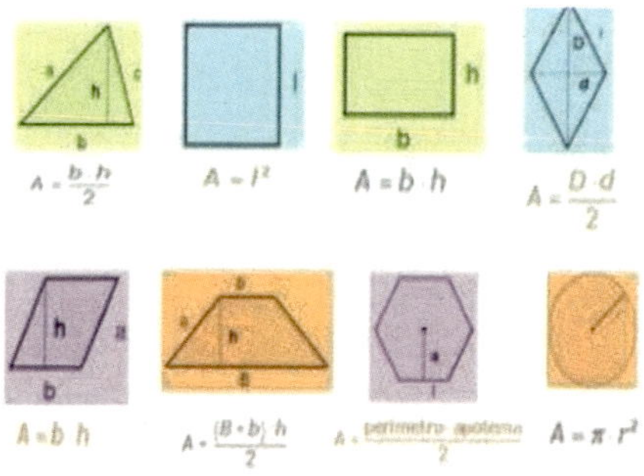

2. Superponiendo áreas: es un método recomendable cuando tenemos una polígono o área regular o muy regular (muy parecido a un cuadrado, triangulo, circulo, rectángulo, etc.) pero cuando las áreas son muy irregulares no es recomendable porque se vuelve muy impreciso. Se trata entonces como se muestra en la figura, de ir circunscribiendo figuras geométricas dentro del polígono de interés. Posteriormente, se calcula el área de cada polígono y la sumatoria es el área aproximada del área de interés.

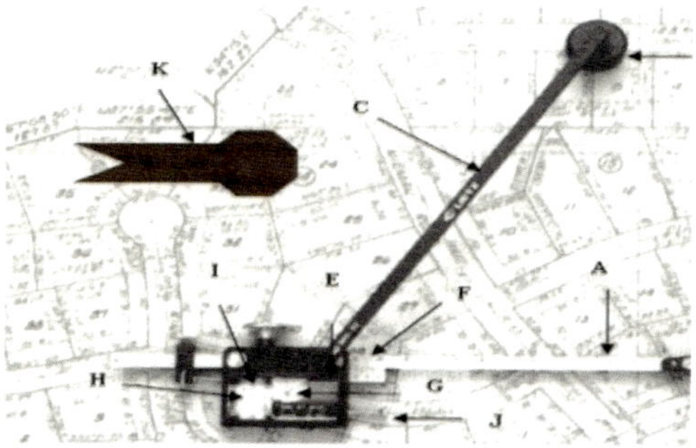

3. Planímetro: Se utiliza un aparato llamado planímetro como se muestra en la figura, el cual ayuda a calcular el área de interés por comparación de áreas.

Son métodos mecánicos de determinación de superficies. Los planímetros, modernos incorporan mecanismos de lectura digital.

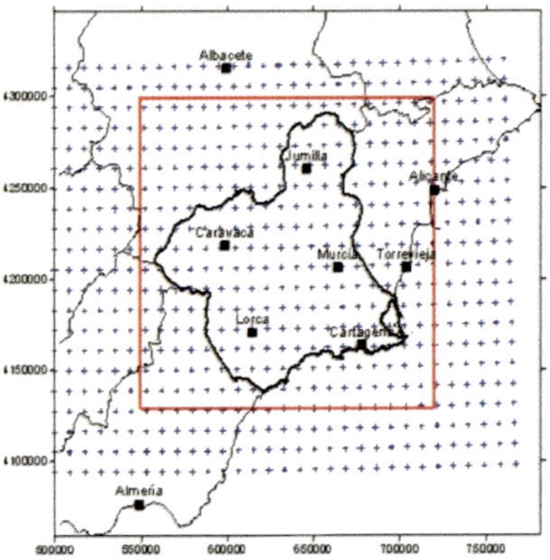

<u>4. Manual</u>. Se trata de utilizar una malla de puntos que es un acetato con puntos a diferentes tamaños. Normalmente muestran mallas para áreas grandes, medianas y pequeñas. La metodología es simple y consiste en:

Identificar el área a medir y la malla a utilizar, grande, mediana o pequeña, según el tamaño del área de interés.

Colocar la malla, al azar, encima del polígono de interés y cuento los puntos (enteros y medios), esto lo hago tres veces y saco un promedio de puntos.

Aplicar la formula, para cada área existen una formula y se halla el área.

8.3 - El relieve en los mapas

Existen diversas formas de expresar el relieve en los mapas, algunos métodos son técnicos, pero otros solamente tienen valor didáctico. Trabajaremos finalmente con el método de interés según el caso.

Para recordar...

Existen curvas de nivel por encima del nivel del mar para representar el paisaje y lo llamamos LA ALTIMETRÍA, pero también existen curvas de nivel para representar el paisaje por debajo de nivel del mar y lo llamamos LA BATIMETRÍA. El relieve que tenemos y vemos nosotros también se reproduce por debajo del nivel del mar, es decir en el fondo del mar hay o el piso oceánico hay: volcanes, mesetas, valles, altiplanos, etc., De hecho mucha parte del paisaje que hoy observamos estuvo cuberito por lagunas o mares en el paso geológico.

8.3.1 - Curvas de nivel

Este es el método más usado y es un método técnico, es decir, permite hacer cálculos y mediciones en los mapas. Recordemos que las curvas de nivel son líneas imaginarias que representan puntos de igual altura sobre el nivel del mar (llamadas también alturas absolutas). A continuación, se muestra como se ve un relieve real en un mapa con curvas de nivel.

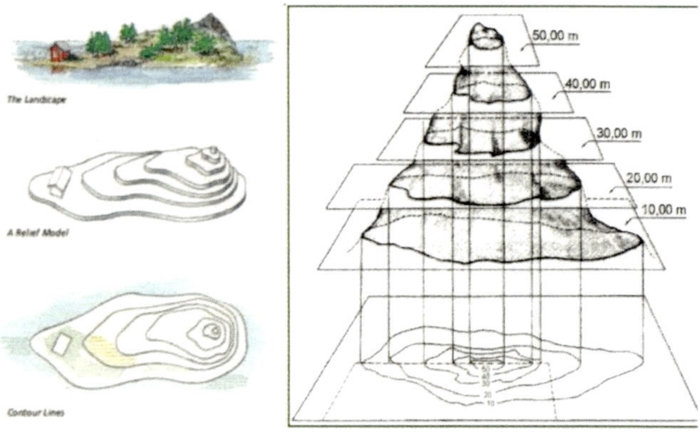

Figura 99. Un relieve en la realidad y su representación en un mapa por medios de curvas de nivel

Las curvas de nivel tienen propiedades:

1. Las curvas de nivel (CN) nunca se juntan o tocan por mas juntas que se vea, pues cada una es una altura única.
2. Las CN muy juntas señalan zonas de pendientes altas o laderas y las curvas de nivel muy separadas, indican zonas planas.
3. Las CN redondas indican cerros o depresiones, dependiendo de los valores de las CN y alargadas indican cadenas montañosas o cuchillas.
4. Las CN cortan los drenajes y forman una "V" donde el vértice señala el nacimiento del drenaje.
5. Las CN por encima del nivel del mar se asumen como positivas y se llama la altimetría y por debajo del nivel del mar se toman negativas y se llama la batimetría.

Para recordar...

Las curvas de nivel son líneas imaginarias que unen puntos de igual altura sobre el nivel del mar y sirven para representar el re-

lieve en los mapas. Gracias a las curvas de nivel podemos hacer cálculos y mediciones en los mapas. Al principio se ven como líneas muy complejas de entender, pero poco a poco os podemos volver expertos en su interpretación sin mayores complicaciones.

8.3.3 - Matices hipsométricas

Estos mapas permiten expresar y entender fácilmente el relieve por medios de los colores asociados a intervalos de curvas de nivel. Las zonas bajas utilizan colores amarillas o verdes, las intermediarias, café, y las zonas altas rojo, violeta o blanco.

Cada autor de un mapa puede, de acuerdo a sus necesidades, establecer sus propios rangos de colores y hacer su mapa de matices hipsométricas, lo importante es que estos rangos deben ir en los símbolos o convenciones de los mapas para poder hacer la interpretación correctamente.

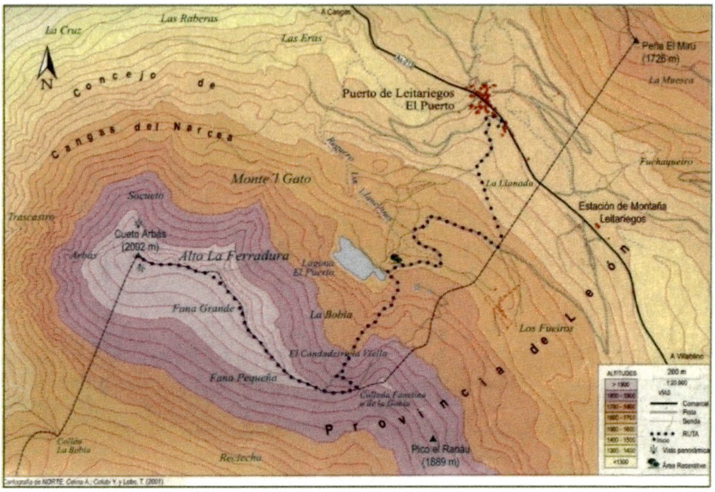

Figura 100. Mapa de matices hipsométricas por rangos altitudinales.

Para recordar…

<u>Gradiente altitudinal</u>: por cada 187 metros que ascendemos, la temperatura baja 1°C, y si descendemos, aumenta 1°C. Es decir, si conocemos la temperatura y altura de un sitio, podemos hacer un cálculo aproximado de la temperatura en otro, más alto o más bajo. Sin embargo es importante aclarar que este principio solo funciona en el trópico, no en países con estaciones climáticas, y tiene tendencia a cambiar con el calentamiento global.

8.4 - La orientación de los mapas

Existen diversas formas de orientar los mapas de acuerdo a los instrumentos disponibles:

7.7.1 Con el sol: Era la técnica que utilizaban nuestros antepasados y consiste solamente en colocarnos con el mapa de costado o de lado a la salida del sol en el sitio donde estamos (sabemos que el sol siempre sale por el oriente (este) y se oculta por el occidente (oeste)); nuestra mano derecha debe quedar del lado de la salida del sol y tendremos así: al frente el norte, atrás el sur, a la derecha el oriente y a izquierda el occidente.

7.7.2. Con los detalles mapa-terreno: se trata de hacer coincidir totalmente los detalles o elementos del mapa con los del terreno, hacemos girar el mapa hasta que coincida la posición de todos los elementos con la del terreno o realidad. Para utilizar este método debemos conocer los sitios en el terreno e identificarlos plenamente en el mapa.

7.7.3 Con la brújula: La brújula es una especie de reloj con circunferencia graduada en 360°. La aguja interior es imantada y se mueve, buscando el norte magnético que tiene la tierra, ya que la Tierra es un gran imán (electromagnetismo). Este norte magnético es muy cercano al norte verdadero o geográfico de la tierra y por eso lo aceptamos como real.

Una vez conocida la dirección del norte en el sitio, hacemos coincidir las líneas verticales o "y" con la línea norte y tendremos el mapa orientado. Cuando se utiliza la brújula hablamos de rumbo y azimut que son los ángulos que hace una línea cualquiera con la línea norte o sur.

Rumbo con las líneas norte o sur y va de 0° a 90° y azimut exclusivamente con la línea norte y va de 0° a 180°

Conclusión

Nota pedagógica

Este libro está concebido como un guía para realizar un trabajo o enseñar la cartografía a alumnos o investigadores, principalmente en ciencias sociales, pero también en toda ciencia que necesita representación cartográfica.

Les aconsejamos organizar el trabajo o la clase de la manera siguiente:

1 – **Empezar con una clase teórica por capítulo**, es decir, recoger en cada capítulo los conceptos y palabras importantes y explicarlas.

Por ejemplo, en el capítulo 2: lo que es la gráfica, la semiología, la simbólica, la agudeza, el umbral, etc.

Eso permite fijar el vocabulario y evitar cualquier confusión o contra-sentido.

2 – **Examinar el esquema presente en cabeza del capítulo**, y proponer una reflexión sobre lo que el alumno o el investigador puede proponer como opción o elección a cada etapa.

Por ejemplo, capítulo 3: según los datos que tienen, y el mensaje que quieren hacer pasar, se necesita escoger entre A y B, y entre E y F?

Esta etapa es muy importante para seguir con el proceso con una adaptación a las necesidades del alumno o del investigador.

3 – **Proponer ejercicios según las opciones posibles.**

Por ejemplo, capítulo 1: ¿Qué pasaría si escogimos una opción que no corresponde a los datos que tenemos, o al uso del mapa que queremos?

Se puede, a cada etapa, realizar varios mapas según las opciones, y discutir sobre los resultados.

4 – **Siempre generar una discusión al final de un capítulo** sobre lo que han aprendido. Es una manera, también, de criticar su propia información, y ver otras maneras de trabajar. Por ejemplo, es muy frecuente que una persona está pensando realizar un mapa con datos no apropiados. En este caso, hay que hacer entender que su metodología de trabajo o de recolección de datos no es la buena.

Lo ideal es realizar una clase por capítulo, con talleres de aplicación basados en los propios datos de los alumnos o investigadores.

¡Qué disfruten!

contacto: Hubert.mazurek@ird.fr

Bibliografía

Arreghini L., Roux J.-C. (2000). Bolivia de los Andes hacia los Orientes. Disparidades espaciales y dinámicas socioeconómicas, ORSTOM – UMSA.

Augier, D. (2018). La gestion intégrée des écosystèmes marins littoraux des Petites Antilles : entre stratégies de développement et enjeux de préservation. Université des Antilles, Martinique, Thèse de doctorat UFR de Droit et Sciences Économiques. 473. H. Mazurek and O. Dehoorne

Bertin, J. (1967). Sémiologie graphique. Les diagrammes, les réseaux, les cartes. Paris, Mouton, Gauthier-Villars. Reimp. EHESS, 1999.

Bertin, J. (1977). La graphique et le traitement graphique de l'information. Paris, Flammarion.

Brunet, R. (1987). La carte mode d'emploi. Paris, Fayard - Reclus.

Brunet, R. (2001). Le déchiffrement du Monde. Théorie et pratique de la géographie. Paris, Belin.

Brunet, R., R. Ferras & H. Théry (1993). Les mots de la géographie. Dictionnaire critique. Paris, RECLUS / La Documentation Française

Casti, E. (2005). Towards a theory of interpretation: cartographic semiosis. Cartographica 40(3): 1-16

Dernat, S., F. Johany & S. Lardon (2016). Identifying choremes in mental maps to better understand socio-spatial representations. Cybergeo : European Journal of Geography [Online]: 26.DOI: 10.4000/cybergeo.27867

Di Méo, G. (2004). Un regard de géographe. Les cartes de la connaissance. J.-P. Bord and P. R. Baduel. Paris, Karthala - Urbama: 649-662.

Eco, U. (1988). Signo. Madrid, Editorial Labor.

Glacken, C. C. (1996). Huellas en la playa de Rodas. Naturaleza y cultura en el pensamiento occidental, desde la Antigüedad al siglo XVIII. Barcelona, Ediciones del Serbal.

Glacken, C. J. (2000, 2002, 2005, 2007). Histoire de la pensée géographique. Tome 1 - L'Antiquité, Tome 2 - Conception du monde au Moyen Âge, Tome 3 - Les Temps modernes (XVe - XVIIe siècle), Tome 4 - Culture et environnement au XVIIIe siècle. Paris, Editions du CTHS.

Gould, P. & A. Bailly, Eds. (1995). Le pouvoir des cartes. Brian Haley et la cartographie. Paris, Anthropos.

Harley, J. B. (2005). La nueva naturaleza de los mapas. Ensayos sobre la historia de la cartografía. México, Fondo de Cultura Económica.

IGAC (1998). Principios básicos de cartografía temática. Santafe de Bogotá, Instituto Geográfico Augustín Codazzi - IGAC, Graphiartex.

Korzybski, A. (2010). Une carte n'est pas le territoire. Paris, Editions de l'éclat.

Lacoste, Y. (1977). La geografía: un arma para la guerra. Barcelona, Editorial Anagrama

Lahousse, P. & V. Piedanna (1998). L'outil statistique en géographie. Paris, Armand Colin, col. Synthèse n°43.

Louis, R. P. (2007). Can you hear us now? Voices from the margin: using indigenous methodologies in geographical research. Geographical Research 45(2): 130-139

Martín Merás, M. L. (1993). Cartografía Marítima Hispana. La imagen de América. Barcelona, Lunwerg Editores.

Mazurek, H. (2013). Cartographie: vision ou reflet? Une réflexion autour des «références indigènes! L'information Géographique 77: 109-148

Moriconi-Ebrard, F. (2019). Une géographie du Brésil en trois dimensions. Confins 40: 35

Pastoureau, M. & D. Simonnet (2006). Breve historia de los colores. Madrid, Paidós Ibérica.

Peirce, C. S. (1986). La ciencia de la semiótica. Buenos Aires, Ediciones Nueva Visión.

Restrepo, M. (1993). Ser-Signo-Interpretante. Santafé de Bogotá, Significantes de papel Ediciones.

Sarfati, G.-É. (2014). Éléments d'analyse de discours. Paris Armand Colin.

Surallés, A. (2004). Horizontes de intimidad, persona, percepción y espacio en los Candoshi. Tierra Adentro. Territorio indígena y percepción del entorno. A. Surallés and P. G. Hierro. Copenhague, IWGIA: 137-162.

Ubilla Bravo, G. (2015). Modelo Territorial: Sistema Síntesis de la Región Metropolitana de Santiago. Santiago de Chile, Gobierno de Chile, División de Planificación y Desarrollo, Departamento de Planificación Regional.

Whitehead, N. L. (1998). Indigenous cartography in Lowland South America and the Caribbean. Cartography in the traditional African, American, Arctic, Australian, and Pacific Societies. D. Woodward and G. M. Lewis. Chicago and London, The University of Chicago press. The History of Cartography, volume two, book three: 301-326.

Woodward, D. & G. M. Lewis (1998). Concluding remarks. Cartography in the traditional African, American, Arctic, Australian, and Pacific Societies. D. Woodward and G. M. Lewis. Chicago and London, The University of Chicago press. The History of Cartography, volume two, book three: 537-541.

Anexo I

Sitios Web con información geográfica

Especificaciones Internacional para Cartografía:
https://orienteering.sport/iof/mapping/

Fondos de mapa:
http://www.histgeo.ac-aix-marseille.fr/ancien_site/carto/
https://d-maps.com/index.php?lang=es
http://cartonumerique.blogspot.com/p/fonds-carte.html
https://www.carte-monde.org/fond-de-carte-du-monde/
http://geoconfluences.ens-lyon.fr/actualites/veille/revues-de-presse/ou-trouver-des-cartes-et-des-atlas
https://www.geomatick.com/2016/11/25/les-limites-administratives-des-pays-du-monde-entier-en-format-sig/
https://www.esrifrance.fr/contenus-fonds-de-plan.aspx
https://mappinggis.com/2012/05/datos-cartograficos/
https://pro.arcgis.com/es/pro-app/help/mapping/map-authoring/author-a-basemap.htm
http://webhelp.esri.com/arcgisexplorer/900/es/add_shapefiles.htm

https://www.archives.gov/research/alic/reference/geography.html

Guía de cartografía:

http://www.dirplan.cl/sit/acercadesitmop/Documents/Guia_Cartografia_MOP_v2.pdf

https://www.ign.es/web/resources/cartografiaEnsenanza/conceptosCarto/descargas/Conceptos_Cartograficos_def.pdf

https://www3.inegi.org.mx%2Frnm%2Findex.php%2Fcatalog%2F170%2Fdownload%2F4901&usg=AOvVaw2nb4JbdnIeTCVzTQPiAp2y

https://unstats.un.org/unsd/publication/SeriesF/SeriesF_79S.pdf

https://www.igac.gov.co/sites/igac.gov.co/files/catalogo_representacion_10k_v1.0.pdf

Cartografía participativa:

http://www.conectadel.org/wp-content/uploads/downloads/2013/03/5cartografiaparticipativa-121121113649-phpapp02.pdf

https://geoactivismo.org/wp-content/uploads/2014/10/Tesina_n_2_Iratxe_Braceras.pdf

https://www.nodoka.co/apc-aa-files/319472351219cf3b9d1edf5344d3c7c8/guia5.pdf

Y los clásicos:

https://www.google.com/maps

https://www.google.com/intl/es/earth/

https://www.openstreetmap.org/#map=6/-16.400/-63.549

Anexo 2

LOS PROGRAMAS INFORMÁTICOS PARA GRÁFICO Y CARTOGRAFÍA

Para dibujar mapas

Adobe Illustrator, Adobe Freehand, Corel Draw, Designer de Microsoft

Edraw Max, Map Creator Free Edition, Vector Works, EDraw Mind Map, Easy Plan Pro, etc. la oferta de los programas comerciales es muy amplia.

Inkscape, vectorial, gratuito

http://inkscape.org/download/?lang=fr

OOo.HG et Cart'Ooo, vectorial, gratuito

http://ooo.hg.free.fr/

CartoGraf, en linea, gratuito

http://demo.tiki.org/cartograf-aquops/Accueil

Scribble Maps, dibujo de esquemas a partir de Google Maps, OpenStreetMap, ESRI, etc.

http://www.scribblemaps.com/create

http://scribblemaps.com/

Framacarte, en linea.

http://framacarte.org

Ethermap, mapas sencillos, gratuito

http://getethermap.org/m/kdanhnwxxed7gs7bkdxs

Massilia, géographie-muniga.fr, construcción de esquemas

http://www.geographie-muniga.fr/

Abc-Map, cartografía, gratuito

http://abc-map.fr/

Mapchart, en linea, sencillo

http://mapchart.net/

VECTR, en línea

https://vectr.com/

Cartografía estadística

Philcarto

http://philcarto.free.fr/

Arcgis , Qgis (Gratuito), Magrit , Cartoweb, Khartis

Sistemas de Información Geográfica

Ver la lista en

https://fr.wikipedia.org/wiki/Liste_des_logiciels_SIG

Índice de las Figuras

que reforzarse esta red, y el equilibrio necesario para tener un territorio bien articulado y funcional.

diferenciación; el rectángulo permite de ver una primera estructura de distribución. Asociar orientación y cambio de forma permiten resaltar la estructura; el color no aporta mucho más a la comprensión del esquema.

Made in the USA
Coppell, TX
04 November 2026

11263206R00157